Stephan Hennig

Open source-Software für mittelständische Unternehmen

Eine betriebswirtschaftliche Analyse

IGEL Verlag

Hennig, Stephan

Open source-Software für mittelständische Unternehmen

Eine betriebswirtschaftliche Analyse

1. Auflage 2009 | ISBN: 978-3-86815-096-4

Die Deutsche Bibliothek verzeichnet diesen Titel in der Deutschen Nationalbibliografie.
Bibliografische Daten sind unter http://dnb.ddb.de verfügbar.

IGEL Verlag

Inhaltsverzeichnis

Abbildungsverzeichnis

Tabellenverzeichnis

Abkürzungsverzeichnis

a.a.O.	Am angegebenen Ort
AMD	Advanced Micro Devices
BCG	Boston Consulting Group
BIND	Berkeley Internet Name Daemon
BITKOM	Bundesverbands Informationswirtschaft Telekommunikation und neue Medien
BMI	Bundesministerium des Innern
BSI	Bundesamt für Sicherheit in der Informationstechnik
CAL	Client Access License
CRM	Customer Relationship Management
DIN	Deutsches Institut für Normung
EULA	End User License Agreement
F&L	Forschung und Lehre
FSF	Free Software Foundation
GNU	Akronym für "GNU is not Unix"
GPL	(GNU) General Public License
GUI	Graphical User Interface
HP	Hewlett Packard
IBM	International Business Machines
ICT	Information and Communication Technology
IDC	International Data Corporation
IfM	Institut für Mittelstandsforschung
ifrOSS	Institut für Rechtsfragen der Freien und Open Source Software
IIS	Internet Information Server
IT	Informationstechnologie
itSMF	Information Technology Service Management Forum
KDE	K Desktop Environment
KMU	Kleine und mittlere Unternehmen
LGPL	(GNU) Lesser General Public License
OS	Operating System
OSI	Open Source Initiative

OSS	Open Source Software
PC	Personal Computer
RHES	Red Hat Enterprise Server
RISC	Reduced Instruction Source Code
SAP	Systeme, Anwendungen und Produkte
SVD	Schweizerische Vereinigung für Datenverarbeitung
TCO	Total Cost of Ownership
TCP/IP	Transmission Control Protocol/Internet Protocol
XML	Extensible Markup Language

1. Einleitung

Steigender Wettbewerbsdruck zwingt viele Unternehmen dazu, ihre Investitionen in Informationstechnologie (IT) zu überdenken. IT-Vorhaben müssen sich verstärkt Wirtschaftlichkeitsrechnungen unterziehen.

Im Rahmen des IT-Controllings stellen diese Unternehmen fest, dass Investitionen in neue IT-Vorhaben einen immer geringeren Teil der Gesamtkosten ausmachen. Bei der Deutschen Bank beliefen sich die investigativen Ausgaben im Jahr 2002 auf nur noch 27 %[1], 73 % des IT-Budgets wurden für den Betrieb (Wartung, Support) und die Weiterentwicklung existierender Systeme aufgewendet.

Der grundlegende Zusammenhang zwischen einmaligen Projektkosten für Planung und Erstentwicklung neuer IT-Systeme und wiederkehrenden Kosten für Wartung und Weiterentwicklung ist zwar seit langem bekannt, dennoch spielt er in der betrieblichen Praxis nur eine untergeordnete Rolle. Hinzu kommt, dass neue Technologien und Konzepte einen Ausweg aus der Kostenfalle versprechen.

Seit über 10 Jahren steht der Begriff Open Source für ein stetig wachsendes Segment der Softwareentwicklung. Die Geschichte der freien Software im Sinne einer frei nutzbaren und individuell verfüg- und veränderbaren Software geht bis in die 60er Jahre des vorigen Jahrhunderts zurück. Erst mit dem Erfolg des Betriebssystems Linux in den 1990er Jahren gelang auch der Einzug der Open Source Philosophie in den privatwirtschaftlichen und öffentlichen Sektor.

Seitdem stellen sich immer mehr Verantwortliche in den Unternehmen die Frage, ob Open Source Software (OSS) eine sinnvolle Alternative zu den bisher eingesetzten kommerziellen Softwareprodukten darstellt und sich der Einsatz von Open Source Software auch in ihrem Unternehmen lohnt. Es scheint verlockend zu sein, die IT-Budgets durch lizenzkostenfreie Software zu entlasten und so einen Weg zu sinkenden IT-Gesamtkosten einzuschlagen.

Öffentliche Institutionen wie der Deutsche Bundestag[2] oder die Stadtverwaltung München[3] haben bereits vor Jahren entschieden, auf Open-Source-Produkte zu migrieren und mit großer Öffentlichkeitswirkung

---

1 Lamberti 2002

2 Deutscher Bundestag 2005

3 Die Grundsatzentscheidung der Münchner Stadtverwaltung für Open Source geht auf das Jahr 2003 zurück.

eindeutige Signale zugunsten des OSS-Einsatzes gesetzt. Mit ihrer Open-Source-Initiative stößt die Stadt München inzwischen weltweit auf eine Resonanz. Das Umsetzungsprojekt läuft seit dem Jahr 2006 und inzwischen stehen der Kommune 1200 Linux-Clients zur Verfügung. Eine Münchener Bürgermeisterin sprach jüngst von "beachtlichen Ergebnissen" auf einer Veranstaltung, die unter dem Motto stand: "2 Jahre LiMux – offene Standards, freie Software, starke Wirtschaft".[4]

Andererseits haben die Anbieter der proprietären Softwareprodukte in den letzten Jahren ihre Lizenzpolitik immer komplizierter gestaltet. Hinzu kommt, dass Anwender teilweise durch die Produktpolitik der Softwareanbieter zum Update oder Upgrade gezwungen werden, selbst wenn die neue Programmversion für das Unternehmen keinen echten funktionalen Vorteil bietet. Abkündigungen von zukünftigem Supportleistungen sind ein weiterer Nachteil heute vorherrschender Produktpolitik großer Software-Anbieter. Dies führt verständlicherweise zu Verdruss auf der Anwenderseite.[5]

Mit steigendem Leidensdruck werden Alternativen gesucht und eine mögliche Alternative bietet sich in Form kostenfreier Programme an, die sich bezüglich Funktionalität, Stabilität und Qualität mit den vermeintlich teuren Softwareprodukten kommerzieller Anbieter durchaus messen lassen können.

1.1. Problemstellung

Open Source Software spielt inzwischen eine bedeutsame Rolle auf dem Softwaremarkt und wird in immer mehr Unternehmen eingesetzt.

Das Marktforschungsunternehmen IDC hat seine Prognose für den weltweiten Open-Source-Markt vorgestellt. Demnach soll der Umsatz mit Open Source Software von 1,7 Milliarden US-Dollar im Jahr 2007 auf 4,8 Milliarden im Jahr 2012 anwachsen. Das entspricht einer jährlichen Steigerung von fast 25 Prozent.[6] Auch namhafte Hersteller aus der Hard- und Softwarebranche unterstützen und vertreiben das freie Betriebssystem Linux. Open Source Software ist heute allgegenwärtig und fast immer findet man zu einem kommerziellen Produkt auch ein "freies" Gegenstück. Der auf der Hand liegende Vorteil, dass keine Li-

---

4 Vgl. Hermann 2008

5 Siehe beispielsweise Heise 2002 oderComputerwoche 2007

6 Vgl. Heise 2008

zenzgebühren fällig werden, scheint ein wichtiger Kostenvorteil zu sein, an dem alle partizipieren möchten.

Open Source Software wird mittlerweile in vielfältiger Hinsicht untersucht. Studien über die Software-Ausstattung und speziell über den Einsatz von Open Source Software in kleinen und mittleren Unternehmen sind jedoch kaum zu finden.

Gerade die kleinen und mittleren Unternehmen (KMU) stellen einen beträchtlichen Anteil am Gesamtmarkt dar.[7] Es ist daher erstaunlich, dass diesem Bereich relativ wenig Aufmerksamkeit geschenkt wird.

Generell hat sich die Euphorie der 90er Jahre etwas gelegt. Zwar hat Open Source Software in den letzten Jahren immer weiter Einzug auch in die betriebliche Realität von KMU gefunden hat, allerdings sind die Zuwachsraten beim Anteil von OSS inzwischen deutlich geringer.[8] Gartner sagte bereits 2006 voraus, dass OSS bis 2009 einen Anteil am Software-Markt von 20 % einnimmt. Anders ausgedrückt, 80 % Marktanteil bleibt in Hand kommerzieller Software.[9] Dabei ist noch zu berücksichtigen, dass es sich bei dieser Aussage um den Gesamtmarkt handelt.

Die Problemstellung, die dieser Untersuchung zugrunde liegt, lässt sich am besten durch die Formulierung prägnanter Fragen verdeutlichen. Mit den folgenden vier Fragen wird das Problemfeld dieser Untersuchung skizziert:

- Wie sollen sich kleine und mittlere Unternehmen (KMU) gegenüber Open Source Software positionieren?
- Welche strategischen Aspekte sind beim Einsatz von OSS in KMU bedeutsam?
- Sinken die Total Cost of Ownership (TCO) durch den Einsatz von OSS? Hier sind widersprüchlichen Aussagen und Empfehlungen in Studien und Veröffentlichungen bezüglich OSS zu klären.
- Gibt es noch andere entscheidungsbeeinflussende Kriterien wie beispielsweise Benutzerakzeptanz oder technologische Trends

---

7 Vgl. KfW-Bankengruppe 2008: Danach gibt es ca. 3,5 Mio. mittelständische Unternehmen in Deutschland

8 Vgl. Gfaller, Hermann 2006

9 Vgl. Cassell 2008

und welches Gewicht haben diese Kriterien auf die Entscheidungsfindung?

1.2. Ziel der Untersuchung

Die vorliegende Untersuchung verfolgt im Wesentlichen zwei Ziele:

Erstens soll sie das Management von KMU im Rahmen der Vorbereitung kritischer Software-Entscheidungen unterstützen, indem die Vor- und Nachteile proprietärer und offener Softwarelösungen im Client- und Serverbereich aus strategischer und operativer Perspektive verglichen und bewertet werden. Dies soll gewährleisten, dass wichtige Einflussfaktoren einerseits erkannt und andererseits auch erklärt werden können.

Zweitens soll die These, dass durch den Einsatz von OSS immer eine Kostensenkung zu erzielen ist, kritisch im Hinblick auf "Kompensationseffekte" durch indirekte Kosten nach dem TCO-Ansatz untersucht werden. Die wichtigsten Kompensationseffekte sind zu identifizieren und zu quantifizieren.

Der Untersuchungsfokus liegt auf den KMU und ausgewählten Open-Source-Programmen. Andere, z.B. qualitative oder psychologische entscheidungsbeeinflussende Faktoren werden ebenfalls berücksichtigt und in die Gesamtbeurteilung einbezogen.

1.3. Vorgehensweise

Zunächst wird der theoretische Bezugsrahmen abgesteckt. Es wird im Verlauf der Untersuchung herausgearbeitet, welche grundlegenden Eigenschaften und Merkmale Open Source Software kennzeichnen und worin sich diese Merkmale zu kommerziell vertriebener Software unterscheiden. In einer anschließenden Auswertung von 2 externen Studien und einer selbst erstellten Fallstudie, die auf eigenen, praktischen Erfahrungen beruht, werden die Unterschiede aufgezeigt. Das Ergebnis aus der Auswertung der zwei Studien wird mit der eigenen Fallstudie verglichen.

Die durchgeführte Analyse bezieht sich auf kleine und mittelgroße Unternehmen in Deutschland (bis max. 500 PC-Arbeitsplatzsysteme) und berücksichtigt im Rahmen von Berechnungen deutsche Marktpreise für Lizenzen, Consulting und Support. Die Kalkulationen werden in Euro und zum Nettopreis (ohne Mehrwertsteuer) durchgeführt.

Die Fallstudie wird anhand eines fiktiven Unternehmens dargestellt, jedoch beruhen die Angaben aus praktischen Erfahrungen eines Dienstleistungsunternehmens mit ca. 100 PC-Arbeitsplatzsystemen. Dabei werden auf Basis einer Gesamtkostenberechnung (Total Cost of Ownership, TCO) direkte und indirekte Kosten herangezogen und verglichen. Weitere Grundlagen der Angaben beruhen auf Literatur- und Studienangaben sowie aktuellen Fachzeitschriften.

Das Für und Wider von OSS wird unter technischen und ökonomischen Aspekten intensiv diskutiert. Der Schwerpunkt der Betrachtung liegt auf betriebswirtschaftlichen Aspekten, wobei es sich nicht immer ganz vermeiden lässt, auch technische Details zu beschreiben. Die Ausführung technischer Problemstellungen bleibt aber auf das absolut notwendige Maß beschränkt.

Die zentrale Rolle der Total Cost of Ownership und qualitativ-strategische Gesichtspunkte bilden den Dreh- und Angelpunkt für die betriebswirtschaftliche Entscheidungsgrundlage. Es folgt eine Bewertung der Entscheidungsrelevanz für das IT-Management.

2. Inhaltliche und terminologische Abgrenzung

2.1 IT-Infrastruktur im deutschen Mittelstand

In mittelständischen Unternehmen haben Server für den Betrieb von Netzwerk-, Kommunikations- und Business-Applikationen auf Basis der x86-Architektur[10] eine zentrale Rolle eingenommen. Während früher überwiegend UNIX-Systeme eingesetzt wurden, haben sich x86-basierte Systeme hinsichtlich Leistungsfähigkeit, Stabilität und Skalierbarkeit angeglichen. X86-Server stellen eine kostengünstigere Alternative zu den RISC-basierten Systemen dar. Neben den geringeren Anschaffungs- und Wartungskosten bieten die x86-Server Standardisierungsvorteile und eine breite Anbieterauswahl. Unix-Server sind auf dem Rückzug, stattdessen setzen Unternehmen immer mehr x86-basierte Server ein.[11] Mittlerweile haben über 90 % der in Deutschland ausgelieferten Server eine x86- oder x64-Basis.[12]

Während der Trend bei der Hardware eindeutig ist, gestaltet sich für die Entscheidungsträger in mittelständischen Unternehmen mit bis zu 500 PCs die Frage nach der Auswahl und Integration des passenden Betriebssystems weiterhin als Herausforderung.

Der Administrations- und Integrationsaufwand im Serverpark sollen so niedrig wie möglich gehalten werden, da die kumulierten Betriebskosten die Lizenz- und Anschaffungskosten der Systeme vielfach übersteigen.

Erschwerend kommt hinzu, dass sich die einzelnen Produkte untereinander aufgrund der unterschiedlichen Lizenzierungsmodelle und Supportangebote der Hersteller nur schwer vergleichen lassen.

IT-Infrastrukturen wachsen im Laufe der Zeit organisch und sind somit regelmäßig heterogen. Ein Drittel der mittelständischen Unternehmen nutzt das Betriebssystem Linux als Serverbetriebssystem, allerdings beschränkt sich der Einsatz auf ein begrenztes Anwendungsspektrum, wie Websecurity und Security, während der Großteil der Business- und

---

10 Die sog. x86-Architektur wurde Ende der 1970 Jahre von Intel vorgestellt und seitdem stetig weiterentwickelt. Man bezeichnet sie deshalb auch als Intel-basierte Rechnersysteme. Auch andere Unternehmen wie beispielsweise AMD bieten x86-basierte Prozessoren an. Eine Alternative zu x86-basierten Systemen stellen die sog. RISC (Reduced Instruction System Code) Prozessoren dar, die z.B. von der Firma Sun Microsystems angeboten werden.

11 Dirscherl 2007a

12 Dirscherl 2007b

Kommunikationsanwendungen auf System mit Microsoft Betriebssystem betrieben werden.[13]

2.2 Begriffe

2.2.1. Proprietäre Software

Proprietäre Software befindet sich im Eigentum einer bestimmen natürlichen oder juristischen Person. In der Regel ist diese Person auch der Hersteller der Software. Proprietäre Software wird im Folgenden auch kommerzielle Software genannt. Software ist ein immaterielles Produkt.

Üblich ist, dass ein Nutzer nicht Eigentümer der Software wird, sondern lediglich ein Nutzungsrecht erwirbt. Bei kommerzieller Software werden durch den Lizenzvertrag bestimmte Rechte an der Nutzung und Verbote eingeräumt bzw. auferlegt.[14]

Jede Software wird von einem Programmierer in einer Programmiersprache geschrieben. Man bezeichnet diesen Text auch als Source Code, Quellcode oder Quelltext. Damit dieser Quellcode für einen Computer ausführbar ist, muss er übersetzt (kompiliert) werden.

Kommerzielle Softwareprodukte werden i.d.R. als kompilierter Programmcode ausgeliefert, der Quellcode ist dem Nutzer normalerweise nicht mehr zugänglich. Fehlerbehebung und Weiterentwicklung des Programms liegt ausschließlich in der Hand des Herstellers.

Die professionelle Erstellung von Software ist sehr arbeitsintensiv und erfordert hohe Investitionen. Erlöse sind u.a. aus dem Vertrieb der Lizenz zu erwarten. Der Quellcode als "Rohprodukt" stellt aus Sicht der Hersteller ein sehr schützenswertes Gut dar und ist dem späteren Nutzer, der eine Lizenz erwirbt, üblicherweise nicht zugänglich.

Ausgeliefert wird ein Programmpaket, welches auf dem Zielsystem mittels Installationsroutinen implementiert wird.

Da Software leicht kopiert werden kann, besteht für den Produzenten ein erhöhtes Investitionsrisiko durch unerlaubtes Kopieren (Raubko-

---

[13] Wülfing 2007

[14] Beispiel: Das "End User License Agreement" des Betriebssytems Windows XP von Microsoft erlaubt nur das Anfertigen einer Sicherungskopie. Jedwede Weitergabe oder Modifikation des Programmpakets wird vom Lizenzgeber ausdrücklich verboten.

pien). Raubkopien sind weit verbreitet, auch wenn das unrechtmäßige Kopieren von Software ein Straftatbestand ist.[15] Die Hersteller von Software versuchen durch Kopierschutzmaßnahmen, die nicht-legale Weitergabe ihrer Produkte zu verhindern.

2.2.2. Free- und Open Source Software

Im Rahmen dieser Untersuchung wird der Begriff „Open Source Software" (OSS) verwendet, um Software zu kennzeichnen, deren Lizenz entweder von der Free Software Foundation (FSF)[16] oder der Open Source Initiative (OSI)[17] als freie Softwarelizenz eingestuft wird. Alternativ werden die Bezeichnungen „offene Software", „quelloffene Software" oder „freie Software" verwendet.

Das Wesen von Open Source Software ist, dass sie kostenlos und mit offenem Quellcode weitergegeben werden darf. Die detailierte und offizielle Open Source-Definition befindet sich im Anlagenverzeichnis (Anhang A).

Jeder Benutzer hat somit die Möglichkeit, den Programmiercode der Software zu lesen und auch das Recht, ihn zu verändern. Populärstes Beispiel von Open Source-Programmen ist das Betriebssystem Linux.

Im Anhang B befindet sich eine Auswahl weiterer in der betrieblichen Praxis verbreiteter Open Source-Programme.

Nicht unter die Definition von Open Source Software fallen Programme, die als Public-Domain-Software, Freeware oder Shareware bezeichnet werden. Bei Public-Domain-Software tritt der Ersteller zwar dauerhaft die Rechte des Programms an die Allgemeinheit ab, liefert aber den Quelltext nicht mit. Freeware fasst die Software zusammen, die zwar kostenlos genutzt werden darf, aber weitere Rechte oder der Quelltext werden nicht weitergegeben. Shareware darf beliebig kopiert werden. Die Nutzung ist jedoch i.d.R. funktional, personell oder zeitlich beschränkt. Den vollen Funktionsumfang, ein zeitlich unbefristetes Nutzungsrecht und eine kommerzielle Nutzung erhält der Nutzer nur gegen Zahlung einer Lizenzgebühr.

---

15 Laut Deutsches Patent- und Markenamt beträgt der Anteil von Raubkopien an Software 35% weltweit, China 86%. Der Umsatzausfall für die Softwarehersteller liegt bei fast 40 Milliarden Dollar jährlich.

16 1985 von Richard Stallman gegründete, gemeinnützige Organisation zur Förderung der Freien Softwarebewegung

17 Von Eric Raymonds und Bruce Perens gegründete Organisation zur Vermarktung und Unterstützung der Open Source Softwarebewegung

2.2.3. Kleine und mittlere Unternehmen (KMU)

Das Akronym KMU steht für kleine und mittlere Unternehmen und ist inzwischen weit verbreitet. Im Schrifttum findet man verschiedene Abgrenzungskriterien. So kann entweder nach Anzahl Beschäftigter, nach der Größe des Umsatzes oder der Bilanzsumme kategorisiert werden. Das Handelsgesetzbuch gibt klare Definitionen im § 267 HGB, die jedoch nur für Kapitalgesellschaften gelten. Eine nicht auf Kapitalgesellschaften beschränkte Definition liefert eine Empfehlung der Europäischen Kommission vom 6. Mai 2003 (siehe Tabelle 1).

Unternehmens-größe	**Beschäftigte**		**Umsatz Mio €**		**Bilanzsumme Mio €**
Kleinunternehmen	Bis 49	und	Bis 10	oder	Bis 10
Mittleres Unternehmen	Bis 249		Bis 50		Bis 43

Tabelle 1: Definition KMU

(Quelle: EU-Kommission 2003)

Als Obergrenze wird eine Beschäftigtenanzahl von 250 Personen und ein Umsatz von 50 Mio. Euro bzw. eine Bilanzsumme von 43 Mio. Euro angegeben, wobei maximal 25 % des Unternehmens im Besitz von Firmen sein darf, die dieser Definition nicht entsprechen[18]

Das Institut für Mittelstandsforschung IfM zieht die Obergrenze sogar erst bei 500 Beschäftigten, wobei die Umsatzgrenze von 50 Mio. Euro beigehalten wird.[19] Laut Umsatzsteuerstatistik 2004 sind über 99 % aller Unternehmen in der Bundesrepublik Deutschland kleine oder mittlere Unternehmen.[20] Über 70 % aller deutschen Beschäftigten arbeiten in einem KMU (siehe Abbildung 1).

18 Vgl. Bundesministerium für Wirtschaft und Technologie 2007

19 Vgl. IfM 2002

20 Vgl. Bundesministerium für Wirtschaft und Technologie 2007

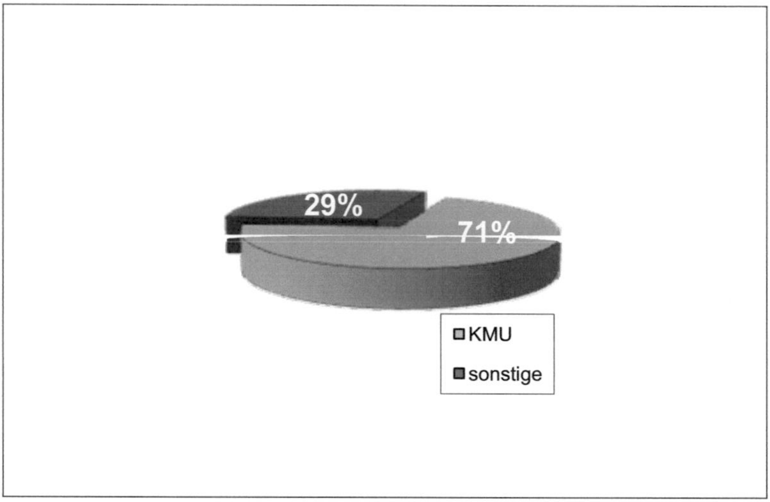

Abbildung 1: Bedeutung des Mittelstands in Deutschland

(Quelle: IfM 2002)

2.3 Interdependenzen von Open-Source Software, kommerzieller Standardsoftware und Eigenentwicklung

Software dient dem Zweck, Prozesse effizienter abzuarbeiten. Sie stellt somit regelmäßig nur ein Hilfsmittel dar, ist aber häufig unentbehrlich geworden. Selbst geschäftskritische Prozesse oder Entscheidungen können heute oft nicht mehr ohne Software-Einsatz durchgeführt werden.

Besteht Bedarf an Software, so gibt es prinzipiell 2 Wege sie zu erhalten. Erstens man entwickelt und programmiert die Software selbst (Eigenentwicklung) oder zweitens man benutzt Fertigsoftware.

Fertigsoftware wird auch Standardsoftware genannt. Wird Fertigsoftware als Lizenz erworben, so spricht man auch von kommerzieller Standardsoftware. Dies sind die beiden Extrempositionen. Dazwischen existiert noch ein fließender Übergang, denn häufig wird auch eine Kombination von Fertigsoftware und spezifischen Anpassungen eingesetzt. Man spricht in diesem Fall auch von "Customizing".

Die Entwicklung und Einführung von Software vollzieht sich in Form eines Projekts. Projekte stellen nach DIN 69901 Vorhaben mit zeitlich definiertem Anfang und Ende dar, die durch die Merkmale klare Zielformulierung, Komplexität und relative Neuartigkeit gekennzeichnet sind.

Projekte sind temporäre Organisationsformen und stehen "quer" zur bestehenden Aufbauorganisation, was zu Spannungen und Konflikten führen kann. Projekte werden regelmäßig nach einem allgemeingültigen Vorgehensmodell durchgeführt. Gleichwohl muss dieses Modell jeweils projektspezifisch angepasst werden.

Je nach Einsatzgebiet stellt Open Source Software eine Alternative zur Standardsoftware dar, indem das Open Source-Produkt unverändert oder nur durch geringfügige Konfiguration oder Customizing produktiv im Unternehmen genutzt werden kann. Beispiele hierfür sind u.a. das Betriebssystem Linux, Open Office oder der Apache Webserver.

Open Source Software kann aber auch nur die Basis für eine Eigenentwicklung darstellen. Da der Quellcode offen liegt und Veränderungen nicht verboten sind, ist es durchaus möglich, dass aus einem Open Source-Programm, eine komplexe auf das jeweilige Unternehmen angepasste Software entsteht. Der Programmieraufwand kann dabei so erheblich sein, dass von einer Eigenentwicklung (auf der Grundlage eines anderen Produkts) gesprochen werden kann.

Das Szenario könnte wie folgt aussehen: Suche eine OSS, welche die fachlichen und systemtechnischen Anforderungen möglichst gut erfüllt und modifiziere den Programmcode so, dass er für das eigene Unternehmen passgenau umgestaltet wird.

Dies scheint auf den ersten Blick ein sehr vorteilhafter Weg zu sein, da das neue komplexe System nicht bei Null starten muss, sondern bereits fertiger Programmcode vorhanden ist, der weiter genutzt werden kann. Allerdings wird er in der betrieblichen Praxis bisher so gut wie gar nicht beschritten. Gründe dafür sind:

- Die Einarbeitungszeit in ein Programm, welches fremd entwickelt wurde, ist erheblich.
- Die Gefahr von Seiteneffekten ist groß.
- Das angepasste OSS Programm verursacht aufgrund seiner Spezialität über den Lebenszyklus eine hohe Abhängigkeit von den Anwendungsentwicklern.

Eine Besonderheit der Zielgruppe KMU ist, dass aufgrund der geringeren Ressourcenstärke der IT, es oft an dediziertem Know-How und zum anderen an der Zeit zur Betreuung komplexer Systeme fehlt. Gerade deshalb stellt für KMU die Alternative Eigenentwicklung von Software eine hohe Hürde dar.[21]

[21] Vgl. Böttger 2008

3. Theoretischer Bezugsrahmen

3.1 Software Entwicklung

3.1.1. Software Life Cycle

Technische Systeme haben eine begrenzte Lebensdauer. Dies gilt auch bei isolierter Betrachtung von Hard- und Software. Man spricht in diesem Zusammenhang vom Lebenszyklus-Modell. Das Konzept des Lebenszyklus hat seinen Ursprung im Bereich des Produktmarketings und beschreibt die Phasen, die ein Produkt im Verlauf seines Lebens durchläuft.[22] Das Lebenszyklus-Modell für Software ist letztlich ein spezieller Produktlebenszyklus, deshalb durchlaufen auch IT-Anwendungen ebenso wie alle anderen materiellen oder immateriellen Produkte einen Lebenszyklus.

Die Phasen eines Software-Lebenszyklus können in Entwicklung, Einführung, Wachstum, Sättigung/Reife, Rückgang und Abschaffung eingeteilt werden.[23] Abbildung 2 zeigt die Phasen des Software Life Cycle in Verbindung mit einem Graphen der die Systemkosten und einem Graphen der die Systemnutzung symbolisiert. Die in Abbildung 2 dargestellten Kurven der Systemkosten und der Systemnutzung repräsentieren keine kumulierten Werte, sondern nichtkumulierte Werte zu einem bestimmten Zeitpunkt.

---

[22] Vgl. Matys 2002

[23] Heinrich 2002

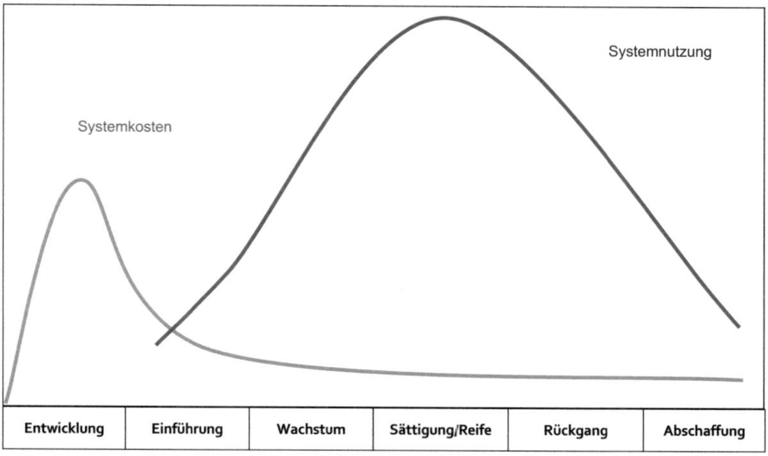

Abbildung 2: Lebenszyklus-Modell

(Quelle: In Anlehnung an Heinrich 2002)

Es liegt in der Natur eines Modells, dass es theoretisch ist und somit muss der in Abbildung 2 dargestellten Verlauf nicht zwangsläufig eintreten. Systemnutzung, und –kosten entwickeln sich im Zeitauflauf dynamisch und können von externen Faktoren stark beeinflusst werden. Außerdem sind in der Praxis die einzelnen Phasen zeitlich nicht von gleicher Dauer.

Eine andere Phaseneinteilung des Lebenszyklus findet man bei Zarnekow et al.[24] (siehe Tabelle 2). Tabelle 2 ordnet den einzelnen Phasen auch konkrete Aufgaben zu.

---

[24] Zarnekow u.a. 2004

Lebenszyklusphase	Aufgabe
Planung	Projektplanung Grobkonzept Prototyp
Erstentwicklung	Fachkonzeption/DV-Konzept Systemdesign Systementwicklung Integration Test Installation, Einführung
Produktion	Schulung Laufender Betrieb Wartung Anwendungssupport
Weiterentwicklung	Fachkonzeption/DV-Konzept Systemdesign Systementwicklung Integration Test Installation, Einführung
Außerbetriebnahme	Entsorgung physischer Komponenten Datensicherung für Folgeanwendung Datenmigration

Tabelle 2: Aufgaben innerhalb der Lebenszyklusphasen

(Quelle: Zarnekow u.a. 2004)

Der Lebenszyklusgedanke manifestiert sich im Bereich der Kostenrechnung in einer Vielzahl von Konzepten und Methoden. Dazu zählt insbesondere das Konzept des Total Cost of Ownership (TCO), siehe dazu Abschnitt 3.3.4.

Nach dem Konzept der TCO sind die kumulierten Kosten im Zeitablauf bedeutsam.

So liefert das Lebenszyklus-Modell den wichtigen Hinweis, dass die Folgekosten eines Systems höher sind, als die Entwicklungs- und Einführungskosten. Dabei ist zu beachten, dass die anteiligen Kosten einer Phase am gesamten Lebenszyklus vom Alter einer Anwendung abhängig sind.

Bei einem System, dass erst vor kurzem eingeführt wurde, ist der Anteil der Entwicklungskosten an den Gesamtkosten sehr hoch. Bei älteren Systemen dagegen fällt der relative Anteil der Betriebs- und Weiterentwicklungskosten höher aus.

3.1.2. Brooks Law

Ein anderes wichtiges theoretisches Prinzip, welches bei der Untersuchung von OSS beachtet werden muss, ist das "Prinzip der reduzierten Kommunikation"[25], welches in der Literatur auch bekannt ist als "Brooks Law":

"Adding manpower to a late software project makes it later." [26]

Die Entwicklung von Software sollte in kleinen Teams erfolgen, in welchem die Teammitglieder sehr eng zusammen arbeiten. Wächst die Anzahl der Teammitglieder so steigt die Komplexität der Abstimmungsprozesse innerhalb des Teams überproportional an. Die erfolgreiche Entwicklung von Anwendungen sollte so organisiert sein, dass die Anzahl der beteiligten Personen minimal ist.

Dieses Prinzip behält auch bei OSS seine Gültigkeit. Somit ist eine große Anzahl von beteiligten Entwicklern eher ein Nachteil als ein Vorteil, zumindest unter Aufwands- und Kostengesichtspunkten. Auf jeden Fall bedarf es einer organisierenden Instanz, welche die Entwicklungsaktivitäten koordiniert.[27]

Es wurde bereits darauf hingewiesen, dass die Mehrzahl der OSS Projekte nur aus einem einzigen Entwickler oder aus einem kleinen Entwicklerteam bestehen. Diese Projekte stehen somit auch nicht im Widerspruch zu Brooks Law. Große Entwicklerteams müssen jedoch durch eine straffe und hierarchische Organisation geführt werden. Die wesentlichen Entscheidungen werden an der Spitze der Hierarchie von einer kleinen Gruppe führender Köpfe getroffen. Als Beispiel mag die Struktur bei der (Weiter)Entwicklung des Linux Kernels dienen. Die Entwicklung des Linux Kernels ist in 4 Hierarchiestufen organisiert:[28]

---

[25] Vgl. Balzert 1982

[26] Brooks 1975

[27] Vgl. Balzert 2000

[28] Vgl. Iannacci 2005

- Level 1: Linus Torvalds
- Level 2: Linus`s Lieutenants
- Level 3: Module Maintainers
- Level 4: Developers

Torvald fungiert als Chief Maintainer, der das letzte Wort darüber hat, was umgesetzt wird und was nicht. Die übrigen Hierarchiestufen haben genau definierte Aufgaben und arbeiten der Hierarchiespitze zu.

Dies zeigt exemplarisch, dass große OSS Projekte hierarchisch organisiert sind und bürokratisch arbeiten. Daraus folgt, dass es bei der Erstellung von großen OSS-Produkten keinen Effizienz- oder Geschwindigkeitsvorteil geben muss, sondern dass letztlich die gleichen Regeln und Prozesse eingehalten werden, wie auch bei der Erstellung kommerzieller Softwareprodukte.

3.2 Lizenzmodelle

Unter einer Softwarelizenz versteht man die Einräumung bestimmter Nutzungsrechte an einer Software. Lizenzen schützen gewisse Rechte der Autoren, indem sie sie unter ein Urheberrecht (Copyright) stellen. Nach deutschem Recht können nur Lizenzrechte, nicht aber das Urheberrecht selbst abgetreten werden.

3.2.1. Lizenzmodelle proprietärer Software

Für kommerzielle Software existieren vielfältige Lizenzmodelle. Nach Krcmar lassen sich Lizenzmodelle nach der Bezugsgröße einteilen.[29] Die Tabelle 3 zeigt einen Überblick über häufig in der Praxis vorkommende Lizenzmodelle:

[29] Krcmar 2005

Modelltyp und primäre Bezugsgröße	Beispiel
Primär nutzerbezogene Modelle: Anzahl der Nutzer	Definierte Nutzer vs. indirekter Zugriff Lizenzkosten pro Bürger
Primär wertbezogene Modelle: z.B. Personalbestand oder Herstellungskosten der verkauften Produkte	Lizenzen für Personaladministration-SW Lizenzen für Planungs- und Dispositionssysteme
Primär zeitbezogene Modelle: Dauer der Nutzung	Subskription (Abonnement)
Primär infrastrukturbezogene Modelle: Ausmaß der Nutzung der genutzten Infrastruktur	Pro-Device-Lizenz Abrechnung nach Prozessor- oder Speichernutzung

Tabelle 3: Lizenzmodelle für kommerzielle Software.

(Quelle: Krcmar 2005)

Der Wert primär **nutzerbezogene** Lizenzmodelle wird hauptsächlich von der Anzahl der definierten Nutzer (named users) beeinflusst. Dieses Lizenzmodell wird heute durch die Verbreitung des Internets immer weniger anwendbar. Über Web-Portale oder andere Fremdsysteme finden immer mehr Zugriffe indirekt über unbekannte Nutzer statt. Als Beispiel mag ein Webshop, der an ein SAP-R3-System angeschlossen ist, dienen. Nach dem herkömmlichen nutzerbezogenen Lizenzmodell ist der Webshop selbst nur ein definierter Benutzer.

Bei den primär **wertbasierten** Modellen wird der Lizenzwert an eine vorher definierte Kennzahl gekoppelt. Als Beispiel mag der Einsatz des SAP-R3 HR-Moduls dienen, bei dem neben der nutzerbezogenen Lizenzgebühr eine weitere Gebühr je 1.000 Personalstammsätze fällig wird.

Bei den **zeitbezogenen** Lizenzmodellen existieren 2 Alternativen. Entweder erwirbt man ein unbefristetes Nutzungsrecht oder die Nutzung der Software ist zeitlich befristet. Vorherrschend ist das unbefristete Nutzungsmodell, welches wieder unterschiedlich ausgestaltet werden kann. So gibt ein Modell dem Kunden ein unbefristetes Nutzungsrecht, jedoch sind Leistungen wie Updates und Produktverbesserungen entweder gar nicht oder zeitlich befristet enthalten. Der Kunde muss, wenn der die Nachfolgeversion (Upgrade) nutzen möchte, jedesmal das Produkt neu erwerben. Anders ausgestaltete Modelle sehen gegen

Zahlung einer jährlichen Wartungsgebühr ein Update- und teilweise auch ein Upgraderecht vor.

Infrastrukturbezogene Lizenzmodelle nutzen als Basis für die Wertermittlung Hardware oder Hardware-Komponenten. Es existieren sog. Pro-Device-Lizenzen, in welcher ein PC, Notebook oder Server als Berechnungsgrundlage dient. In anderen Fällen wird die Anzahl der Prozessoren als Bezugsgröße herangezogen.

In der Praxis bestehen auch Mischformen der bisher beschriebenen Modelle. Die Firma Microsoft hat z.B. ein Lizenzmodell entwickelt, welches aus laufzeitunabhängige Serverlizenzen sowie volumenabhängigen Zugriffslizenzen in Form der sogenannten CALs (Client Access License) besteht. Die CALs beziehen sich entweder auf die Anzahl der Nutzer oder die Anzahl der Geräte.

In der betrieblichen Praxis sind es die strukturellen Unterschiede der verschiedenen Lizenzmodelle der Hersteller und die Vielzahl an Optionen, die die Komplexität erhöht und damit die innerbetrieblichen Transferkosten für die Lizenzverwaltung negativ beeinflussen. Außerdem wird der Vergleich zwischen verschiedenen Software-Alternativen und die Entscheidungsfindung erschwert.

3.2.2. Open Source Lizenzmodelle

Auch Open Source Software unterliegt einem Lizenzmodell. So zeichnet es OSS gerade dadurch aus, dass die Autoren anderen das Recht einräumen, die Software nach bestimmten Vorgaben zu vervielfältigen, zu verbreiten und zu verändern. Es liegt also kein vollständiger Verzicht auf das Urheberrecht vor.

Große Bedeutung hat der von Richard Stallmann geprägte Begriff "Copyleft" in Anlehnung an das Copyright, das die Verbreitung von Daten ausschließlich dem Urheber erlaubt.[30] Copyleft bedeutet, dass sämtliche Änderungen und Weiterentwicklungen einer OSS nur unter der gleichen Lizenz als freie Software weitergegeben werden dürfen.

Man spricht von "starkem Copyleft", wenn keine Abweichung von diesem Prinzip erlaubt ist. Es ist auch möglich, ein weniger restriktiv (schwaches) Copyleft zu gestatten oder ganz auf das Copyleft zu verzichten.

---

[30] Siehe dazu im Anlagenverzeichnis (Anhang C)

Tabelle 4 zeigt eine Auswahl von OSS Lizenzmodellen und deren Unterschiede.

Lizenztyp[31]	*Kostenlos*	*Weiterverbreitbar*	*Uneingeschränkt nutzbar*	*Quelltext modifizierbar*	*Derivate müssen frei sein*	*Starkes Copyleft*
GPL	●	●	●	●	●	●
LGPL	●	●	●	●	●	
BSD-Lizenz	●	●	●	●		

Tabelle 4: OSS Lizenzmodelle

(Quelle: Eigene Darstellung)

Es existieren ca. 200 verschiedene Open Source-Lizenzen.[32]

3.2.3. GNU General Public License (GPL)

Die GNU General Public License (GPL) ist mit ca. 63 %[33] die weltweit am häufigsten eingesetzte Open-Source-Lizenz. Sie räumt jedermann ein uneingeschränktes Nutzungsrecht ein und schließt jegliche Haftung des Entwicklers aus.

Der Anwender darf das Programm unverändert oder modifiziert weiterverbreiten. Allerdings müssen die Programme und auch veränderte Programmteile unter der GPL bleiben. Diese Bestimmung verhindert, dass GPL-lizensierte Software in proprietäre Software integriert werden darf. Kritiker bezeichnen diese Bestimmung der GPL als "viralen Effekt", der jedoch andererseits sicherstellt, dass jede OSS dem Entwickler stets frei zugänglich bleibt.

Die Gewährung der Rechte muss ohne die Erhebung einer Lizenzgebühr erfolgen. Das bedeutet nicht, dass Open Source-Programme, die unter die GPL fallen, kostenfrei sein müssen. So ist es durchaus erlaubt, beispielsweise für den Vertrieb Gebühren zu verlangen.

---

31 Die einzelnen Lizenztypen werden in den folgenden Abschnitten erläutert.

32 Kleijn 2007

33 Source Forge 2008

3.2.4. GNU Lesser General Public License (LGPL)

Die LGPL wurde wegen besonderer Rechtsfragen in Bezug auf die Nutzung von Softwarebibliotheken entworfen und definiert abgeleitete Software anders als die GPL. Ein Programm, das gegen eine LGPL-lizenzierte Bibliothek gelinkt ist, muss nicht mehr unter der GPL stehen und kann somit auch kommerziell vertrieben werden.

3.2.5. BSD-Lizenz

Die Lizenz der Berkeley Software Distribution entstand im Rahmen der Entwicklung des freien Betriebssystems UNIX BSD an der Berkeley University. Die BSD-Lizenz räumt wie die GPL auch, jedermann ein freies Nutzungs-, Modifikations- und Weiterverbreitungsrecht ein. Die einzige Forderung ist, dass der Lizenztext in den Quellen und im Binärcode enthalten bleibt und die ursprünglichen Entwickler in jeder abgeleiteter Software aus einem BSD-lizensierten Programm genannt werden.

Anders als die GPL enthält sie keine Copyleft-Bestimmung. Ein Programm welches unter die BSD-Lizenz fällt, kann durchaus in einem kommerziellen Produkt integriert werden. So basieren Teile der Betriebssysteme von Microsoft und von Apple auf Komponenten von BSD.

3.2.6. "Mozilla"-artige Lizenzen

Hauptvertreter ist die Mozilla Public License, die eine weniger strenge Verbreitung der Software mit proprietären Programmteilen erlaubt. Als die Firma Netscape sich zur Veröffentlichung des Quellcodes ihres Browsers "Navigator" entschloss, besaß sie nicht die gesamten Urheberrechte. Es musste ein neuer Lizenztyp geschaffen werden, der zur Verbreitung der Software eine Kombination mit proprietären Teilen gestattete. Gleichzeitig wollte man sich die Möglichkeit offen halten, externe Verbesserungen des Programms selbst nutzen zu können.

Das Resultat war eine Kompromisslösung zwischen einer Copyleft-Lizenz und einer BSD-Lizenz. Mozilla-artige Lizenzen erlauben den Vertrieb einer Kombination aus proprietären und offenen Softwarekomponenten als ein Gesamtwerk.

3.3 Internes und externes Rechnungswesen

3.3.1. Kosten

3.3.1.1. Kosten, Aufwendungen, Auszahlungen

Kosten sind betrieblich bewerteter Güterverzehr und bilden immer leistungszweckbezogener und zweckgerichteter Verbrauch von Gütern und Dienstleistungen im Rahmen des betrieblichen Ablaufs und zur Sicherung der Betriebsbereitschaft.[34]

Den Kosten werden in der Betriebsergebnisrechnung die Leistungen gegenübergestellt.

Bedeutsam in der weiteren Betrachtung ist die Abgrenzung von anderen Begriffen wie Aufwendungen, Ausgaben und Auszahlungen.

Aufwendungen führen zum Verzehr von Vermögensgegenständen auf der Aktivseite der Bilanz.[35] Die Minderung führt gleichzeitig zu einer Minderung des Eigenkapitals. Den Aufwendungen werden in der Gewinn- und Verlustrechnung die Erträge gegenübergestellt.

Ausgaben und Einnahmen umschreiben Veränderungen des Nettogeldvermögens. Das Nettogeldvermögen umfasst die liquiden Mittel und die Forderungen abzüglich der Schulden. Ausgaben verringern, Einnahmen erhöhen das Nettogeldvermögen.

Aus- und Einzahlungen sind liquiditätswirksame Äquivalente für realisierte Ausgaben und Einnahmen.

---

[34] Wöhe 2002

[35] Vgl. Langenbeck 2005

<table>
<tr><th colspan="3">Aufwand</th><th></th><th></th></tr>
<tr><td rowspan="2">Betriebszweck-
fremder
Aufwand</td><td>Außerordentlicher</td><td>ordentlich</td><td></td><td></td></tr>
<tr><td>Nicht kostenwirk-
samer Zweckauf-
wand</td><td>Kostenwirksamer
Zweckaufwand
Grundkosten</td><td>Anderskosten</td><td>Zusatzkosten</td></tr>
<tr><td colspan="2">Neutraler Aufwand</td><td colspan="3">Kosten</td></tr>
</table>

Abbildung 3: Abgrenzung von Kosten und Aufwand

(Quelle: Schmolke/Deitermann, 2004)

Die Abbildung verdeutlicht, dass Aufwand und Kosten nicht deckungsgleich sein müssen. Nur der ordentliche betriebliche Zweckaufwand fällt mit den Grundkosten zusammen. Betriebsfremder oder außerordentlicher Aufwand stellt keine Kosten dar. Den Anderskosten oder Zusatzkosten steht kein betrieblicher Aufwand gegenüber.

3.3.1.2. IT-Kosten Situation allgemein

Der Anteil der IT-Kosten an den Gesamtprozesskosten vieler Unternehmen steigt kontinuierlich.[36]

Eine Verrechnung der IT-Kosten wird immer wichtiger. Knapp 50 % der im Rahmen einer IDC-Untersuchung aus dem Jahr 2002 befragten deutschen Unternehmen verrechnen IT-Kosten über einen Gemeinkostenschlüssel. Nur 36 % der befragten Unternehmen verfügen über eine verursachungsgerechte innerbetriebliche Leistungsverrechnung.[37] Entweder werden IT-Kosten nicht systematisch erfasst, nicht verteilt oder auf die primären Kostenstellen geschlüsselt. Eine Planung, Kontrolle und Steuerung der IT-Kosten entfällt und die betroffenen Unternehmen sind nicht in der Lage ihre IT-Kosten zu steuern.

3.3.1.3. IT-Kostenstruktur

IT-Kosten sind überwiegend Gemeinkosten, dass heißt, sie können im Gegensatz zu den Einzelkosten nicht direkt einem Kostenträger zugeordnet werden. Gemeinkosten werden im Rahmen der Kostenstellen-

36 Vgl. Gadatsch, Mayer 2005

37 Computer-Zeitung 2002

rechnung durch Umlageverfahren auf die Primärkostenstellen verteilt und mit Hilfe von ermittelten Zuschlagsätzen auf die Kostenträger weiterverrechnet.

Eine andere Kosteneinteilung ist die Unterscheidung in fixe und variable Kosten. Kosten für Hard- und Software sind in der Regel fix, d.h. ihre Höhe steht nicht in unmittelbarem Zusammenhang mit dem Geschäftsergebnis oder der Ausbringungsmenge. Die Beeinflussung der Kostenstruktur umfasst die gezielte Veränderung des Verhältnisses von fixen und variablen Kosten. Ein häufig genanntes Ziel ist die Umwandlung von fixen in variable Kosten, um die Flexibilität bei Absatz- und Ertragsschwankungen zu erhöhen.

Bei Kapazitätserhöhungen ist der Kostenverlauf bei den fixen Kosten sprunghaft. Man spricht in diesem Zusammenhang von sprungfixen Kosten. Geht die Beschäftigng zurück, entstehen Kostenremanenzen durch nicht (sofort) abbaubare Fixkosten.

Im Verhältnis zum Umsatz sind die IT-Kosten von mittelständischen Unternehmen deutlich höher als bei Großunternehmen.[38] Eine Ursache für den höheren IT-Kostenanteil von mittelständischen Unternehmen ist, dass sich Investitionen in Infrastrukturmaßnahmen oder den Aufbau von technischem Wissen nicht auf so viele Server oder Endnutzer umlegen lassen wie bei großen Firmen. Dazu kommen häufig Einkaufsnachteile durch geringere Verhandlungsmacht bei der Beschaffung von Dienstleistungen oder dem Kauf von Hard- und Software.

Abbildung 4 zeigt die IT-Kostenstruktur aufgeschlüsselt nach Kostenarten. Den mit Abstand größten Kostenanteil haben die Personalkosten (Staffing) mit 60 %. Hard- und Software machen nur 14 % der Gesamtkosten aus.

---

[38] KMUplus Magazin 2005

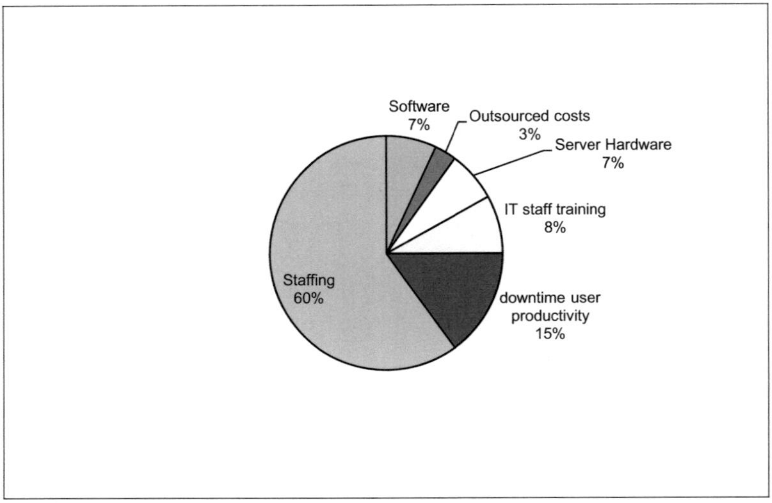

Abbildung 4: IT Kostenstruktur

(Quelle IDC 2007)[39]

Personalkosten sowie Abschreibungen auf Hard- und Software sind fixe Kosten. Daraus ergibt sich ein fixer IT-Kostenblock von mindestens 74 % der IT-Gesamtkosten.

3.3.2. Controlling

Es gibt unterschiedliche Interpretationen und Synonyme für den Begriff des IT-Controllings. Nach Becker/Winkelmann ist IT-Controlling die

" ...Beschaffung, Aufbereitung und Analyse von Daten zur Vorbereitung zielsetzungsgerichteter Entscheidungen bei der Anschaffung, Realisierung und Betrieb von Hardware und Software ..."[40]

Durch den hohen Kostendruck wird IT-Controlling häufig mit Kostenreduktion im IT-Bereich verwechselt. Eine Ursache dafür mag die gestiegene IT-Durchdringung der Geschäftsprozesse und der hierdurch angestiegene IT-Kostenanteil sein.

Mangelnde Transparenz dieses Kostenblocks führt beim Management zu dem Eindruck, dass die IT-Kosten reduziert werden müssen.[41] Die

39 Das Chart basiert auf 300 Interviews über unterschiedliche Systemplattformen.

40 Vgl. Becker, Winkelmann 2004

41 Vgl. Gadatsch, Mayer 2006,

Funktion des IT-Controllings ist nicht auf Kostenkontrolle und –senkung beschränkt. Vielmehr muss auch die leistungsorientierte Sicht erkannt werden, in der Leistungssteigerungen durch IT und Effizienzverbesserungen in den Mittelpunkt des Interesses rücken.

Typische Maßnahmen des leistungsorientierten Ansatzes erhöhen die Leistungsfähigkeit des Unternehmens: Ausrichtung und Steuerung der IT an den Unternehmenszielen, Standardisierung von IT-Leistungen, Optimierung von IT-Prozessen, verursachungsgerechte Kosten- und Leistungsverrechnung und nicht zuletzt Ermittlung des Beitrags zu den Unternehmenszielen als Maßstab für die Auswahl geeigneter Hard- und Software-Produkte. Insofern ist es u.a. auch die Aufgabe des IT-Controllings, bei der Frage des Für und Wider beim Einsatz von Open-Source-Programmen im Unternehmen beteiligt zu werden.

3.3.3. Bilanzierung

Softwarelizenzen gehören zu den immaterielle Vermögensgegenständen. Immaterielle Vermögensgegenstände sind nicht körperlich und umfassen Rechte und tatsächliche Positionen von wirtschaftlichem Wert.[42]

Nach § 266 Abs. 2 I. HGB werden immaterielle Vermögensgegenständen im Anlagevermögen bilanziert. Gemäß HGB darf Software im immateriellen Anlagevermögen bilanziert werden, wenn diese käuflich erworben wurden.

Software, die eine gewisse wertmäßige Höhe nicht überschreitet, darf sofort als Aufwand erfasst werden.[43] Lizenzkosten fallen bei OSS entweder gar nicht oder nur in vergleichsweise geringer Höhe an. Daraus kann gefolgert werden, dass durch einen intensiven Einsatz von OSS die Bilanzposition Immaterielle Vermögensgegenstände wertmäßig verringert wird. Da OSS häufig nur die Basis für eine In-House-Entwicklung bildet, ist es auch bedeutsam, ob das Endergebnis bilanziert werden darf. Aufwand, der für selbst erstellte Software entsteht, z.B. in Form von Personalkosten für Programmierer, ist sofort ergebniswirksam zu erfassen und fließt direkt in die GuV des Unternehmens ein. Ein selbst entwickeltes Softwaresystem - und mag es noch so

---

42 Vgl. Grützner, 2005

43 R 31 a Abs. 1 EStR erlaubt aus Vereinfachungsgründen, sämtliche Programme, deren anschaffungskosten 410 € nicht überschreiten, als Trivialprogramme zu behandeln.

wertvoll und unter hohem Aufwand entwickelt worden sein – stellt nach HGB keinen immateriellen Vermögensgegenstand dar und findet deshalb keinen Niederschlag in der Bilanz. Eigenentwicklungen können allerdings den originären Firmenwert erhöhen.

Eine Entscheidung für OSS kann sich somit auf die Höhe der Bilanzposition auswirken. Als Folge kann es im Rahmen einer Kennzahlenanalyse zu einer Verschlechterung in der Bonitätsbewertung kommen.

Die zunehmende Verbreitung der International Accounting Standards/International Financial Reporting Standards (IAS/IFRS) im externen Rechnungswesen wird eine Tendenz zur Konvergenz von externem und internem Rechnungswesen zur Folge haben. So erlauben die IAS/IFRS, im Jahresabschluss unter bestimmten Voraussetzungen auch kalkulatorische Vermögenswerte anzusetzen. Dies ist für den Einsatz von OSS von Bedeutung, da dann auch selbst erstellte immaterielle Vermögensgegenstände, z.B. Software bilanziert werden dürfen.[44]

3.3.4. TCO

Total Cost of Ownership (TCO) ist ein Messinstrument für alle zu berücksichtigen Kosten über den Lebenszyklus eines (Software)Systems.

Der Begriff der TCO wurde von der Gartner Group in den 1980er Jahren geprägt.[45] Die TCO-Analyse stellt ein Hilfsmittel für die Entscheidungsträger dar, um das System zu identifizieren, welches über den gesamten Lebenszyklus die geringsten Gesamtkosten verursacht. Das Besondere daran ist, dass die gesamten Kosten der Organisation einbezogen werden und nicht nur reine IT-Kosten. Ähnliche Konzepte sind das Real Cost of Ownership (RCO) und Lowest Cost of Ownership (LCO).[46]

Die TCO können unterschiedlich aufgeteilt werden.

Eine Möglichkeit ist, die Gesamtkosten in sogenannte direkte und indirekte Kosten zu gliedern.

Die zweite Möglichkeit besteht darin, die gesamten Systemkosten über den Lebenszyklus zu prognostizieren und anschließend in die Kosten der Entwicklung/Systemeinführung und die Kosten des laufenden Betriebs zu unterscheiden.

---

44 Nach IAS 38.51 ff. müssen selbst geschaffene Immaterielle Vermögenswerte, welche sich in der Entwicklungsphase befinden, aktiviert werden, wenn festgelegte (IAS 38.57) Nachweise erbracht werden.

45 Vgl. z.B. Wolf, Holm 1998, S. 19 oder Redman u.a. 1998

46 Vgl. Treber 2003

3.3.4.1. Direkte Kosten

Kosten, die für die Verantwortlichen transparent und im Rechnungswesen sichtbar sind, bezeichnet man auch als direkte Kosten. Hierzu zählen z.B. die Anschaffungskosten für Hard- und Software, der Aufwand für die Installation, Schulung, Wartung und Support und für Energie. Direkte Kosten könnten sowohl in der Geschäftsbuchhaltung wie auch in der Kostenrechnung erfasst werden. Sie stellen in der Regel aufwandsgleiche Kosten (Grundkosten) dar.

3.3.4.2. Indirekte Kosten

Die nicht sofort sichtbaren Kosten werden unter dem Begriff der indirekten Kosten zusammengefasst. Indirekte Kosten entstehen z.B. durch Produktivitätsverluste der Mitarbeiter und Ausfallzeiten bei unzureichender Wartung oder Fehlfunktionen.

Auch Opportunitätsverluste durch Nichtnutzung von technologischen Möglichkeiten zählen zu den indirekten Kosten, die im Rechnungswesen nicht berücksichtigt werden (siehe Abbildung 5).

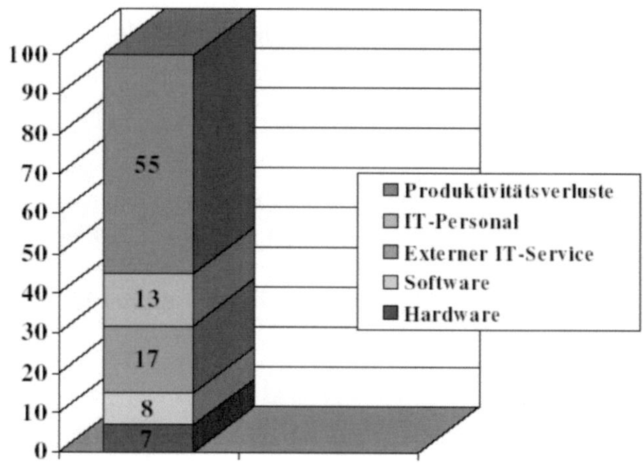

Abbildung 5: IT-Kostenstruktur

(Quelle: Gadatsch, Mayer 2006)

Als Beispiel sei die Nichtnutzung von Groupware-Funktionen genannt. Man denke nur an die Komplexität und den Arbeitsaufwand, um ein

Meeting mit mehreren Personen terminlich ohne den Einsatz einer unternehmensweiten Groupware zu koordinieren.

Ein anderes Beispiel sind versteckte dienstliche Endbenutzerkosten durch Arbeitszeitverlust bedingt durch "Kollegenschulung", dem sog. "Hey-Joe-Effekt".

Der Anteil der indirekten Kosten ist erheblich und kann bis zu 55 % der Gesamtkosten betragen.[47]

3.3.4.3. Kosten des Systemlebenszyklus

Der Kaufpreis für die Hardware eines typischen Arbeitsplatzcomputers beträgt nur etwas 15 % der gesamten Kosten, die er im Laufe seiner Lebensdauer (besser: betrieblichen Nutzungsdauer) verursacht.[48]

Gartner veröffentlichte in einer Research Note aus 2003 Daten, bei denen die Kosten für Hard- und Software eines Windows XP Arbeitsplatzsystems ca. 22 % bei sog. "unmanaged Desktops"[49] und ca. 38 % bei sog. "well-managed" Desktops gemessen an den TCO betragen.[50]

Die Anschaffungskosten von Hard- und Software sind exakt ermittelbar und können mithilfe der oben angeführten Prozentsätze helfen, die Gesamtkosten eines Arbeitsplatzsystems zu ermitteln.

Beispiel:

Ein Mitarbeiter benötigt ein Notebook, welches 1.500 Euro kostet (ohne Anwendungssoftware).

Aufgrund der Erkenntnis, dass die Anschaffungskosten der Hardware ca. 15 % der TCO ausmachen, ergeben sich für dieses Notebook rein rechnerisch TCO in Höhe von 10.000 Euro. Abbildung 6 symbolisiert die einzelnen Phasen des Systemlebenszyklus und ordnet jeder Phase relevante Kosten zu.

---

47 Gadatsch, Mayer 2006

48 ebenda, S. 89

49 Unter "unmanaged deskop" versteht man eine Systemumgebung, in dem jeder Benutzer sein individuell zugeschnittenes PC-System hat und alle Pflegemassnahmen durch einen Systemadministrator erfolgen müssen. Der "well-managed desktop" wird durch ein zentral funktionierendes Softwareaktualisierungssystem gepflegt. Manuelle Eingriffe des Systemadministrators sind nur in Ausnahmesituationen notwendig.

50 Gartner Research 2003

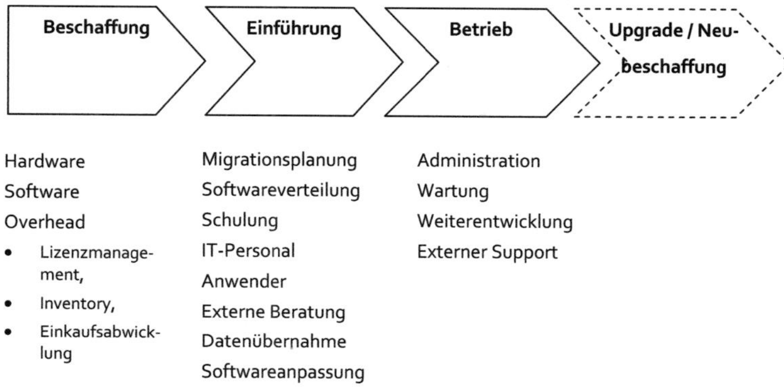

Abbildung 6: Systemlebenszyklus und relevante Kosten

(Quelle: Krcmar 2005)

Insgesamt können mehr als 50 Einflussfaktoren identifiziert werden, die zu betrachten sind, falls man eine vollständige TCO-Analyse durchführt. Tabelle 5 fasst diese große Anzahl an Faktoren in fünf Hauptkategorien zusammen.

TCO Gruppen	TCO Quantifizierung
Hardware: Systeme, Netzwerke, Speicher, Peripherie	Anschaffungskosten verteilt auf die Nutzungsdauer zuzüglich Wartungskosten. die ca. 15 – 25 % der Anschaffungskosten ausmachen.
Software: Betriebssysteme, Anwendungen, Middleware	Anschaffungskosten ggfls. plus jährliche Lizenzgebühren
IT-Personalkosten: Vollzeitäquivalente	Jährliche Personalkosten einschließlich Sozialleistungen, außerdem Berücksichtigung von Weiterbildung und Verwaltung
Services: Externe Unterstützung, zugekaufte Dienstleistungen	Jährliche Kosten gemäß Vertrag.
Benutzerproduktivität: Als Kosten kann der Wert der Ausfallzeit angesetzt werden, die die Anwender keinen Zugriff auf das System haben.	Jährliche Gehaltskosten pro Zeiteinheit für die downtime, abzüglich eines Faktors für Teilproduktivität. Als ein Ergebnis wird nur ein Teilbetrag des Gehalts angesetzt.

Tabelle 5: Total Cost of Ownership

(Quelle: IDC 2007)

3.3.4.4. Kritische Würdigung des TCO-Ansatzes

Der Ansatz ist rein kostenbasiert und lässt vor allem Nutzen bzw. Erlöse außer Acht. Methoden für die Messung der indirekten Kosten durch Produktivitätsverluste stehen nicht zur Verfügung. Weiterhin muss kritisch angemerkt werden, dass es noch keinen nachgewiesenen Zusammenhang zwischen indirekten Kosten und Erfolgswirksamkeit für das Unternehmen gibt.[51]

Praktisch wäre zu klären, ob z.B. durch die Ausfallzeit eines Servers dem Unternehmen auch wirklich indirekte Kosten entstehen.

Ein weiteres Problem ist die Vergleichbarkeit von TCO-Analysen. In vielen Veröffentlichungen findet man eigene TCO-Modelle, die bestimmte Kosten nicht berücksichtigen oder anders gewichten.

[51] Vgl. Gadatsch, Mayer 2006

4. Die Rolle von Open Source Software im Strategischen IT-Management

4.1 Strategisches IT Management

Im Folgenden soll der Begriff "Strategisches IT-Management" und "Informationsmanagement" als inhaltsgleich verstanden werden.

Das Informationsmanagement ist eine der Hauptaufgaben des dispositiven Faktors.[52] Dabei begreift das Informationsmanagement die Information als strategischen Erfolgsfaktor und soll dazu beitragen, die Unternehmensziele unter Einsatz der Informationstechnologie zu erreichen.

Der Nutzen der Informations- und Kommunikationstechnologie wird daran gemessen, welchen Beitrag sie zur Verbesserung der Wettbewerbsposition und zur Ausschöpfung der Erfolgspotenziale des Unternehmens liefert. Die Planung und Gestaltung der IT-Infrastruktur muss deshalb strategisch und mit langfristiger Perspektive vorgenommen werden.

Die strategische Bedeutung von ICT hat in den letzten Jahren zugenommen, da nahezu alle Prozesse in Unternehmen jeder Größenordnung heute von IT maßgeblich beeinflusst werden.[53]

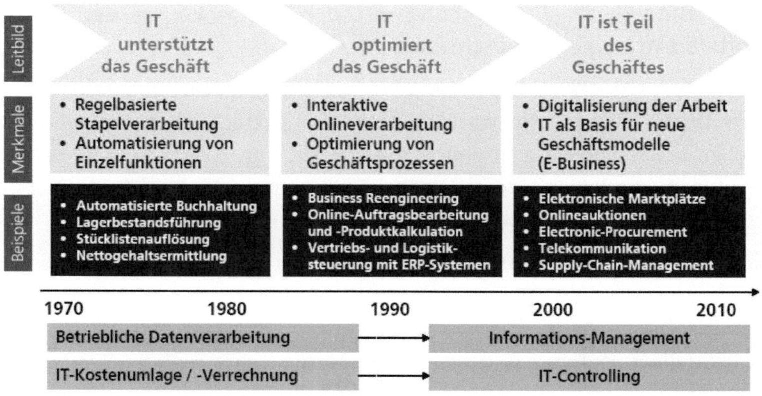

Abbildung 7: Von der Technik zur Geschäftsorientierung

(Quelle: Gadatsch, Mayer 2006)

---

52 Vgl. Riemann 2001

53 Vgl. Küchler 2003

Während früher IT überwiegend als Unterstützungsfunktion angesehen wurde, ist sie heute Teil des Geschäfts. Der Bereich IT wird in den Unternehmen aufbauorganisatorisch heute deutlich höher positioniert als noch vor 20 Jahren.[54]

Ein wichtiges Indiz ist, dass auch auf oberster oder zweithöchster Ebene eine verantwortliche Stelle, z.B. in Form eines CIO[55], zu finden ist, die sich mit dem strategischen IT-Management explizit beschäftigt.[56]

4.2 Hauptaufgaben des strategischen IT-Managements

Als Kernaufgaben des Informationsmanagements kann man zusammenfassen:[57]

- Entwicklung und Fortschreibung eines Gesamtkonzepts der betrieblichen Informationssysteme, unter besonderer Berücksichtigung der Abhängigkeiten von den Unternehmenszielen und der Nachweis des Leistungsbeitrags zum Erreichen strategischer Unternehmensziele (IT-Bebauungsplan).
- Entscheidungen hinsichtlich der Informationsinfrastruktur bezüglich der eingesetzten Hardware und einer Softwarestrategie.
- Festlegung der Aufbauorganisation, einschließlich aller Entscheidungen über In- und Outsourcing.

Im Rahmen dieser Untersuchung wird der Blickwinkel auf den Punkt "Softwarestrategie" eingeschränkt.

Die Softwarestrategie beschränkte sich oftmals darauf, Individualsoftware durch Standardsoftware zu ersetzen. Tatsächlich hat der Anteil von Individualsoftware abgenommen. Allerdings sind keine Angaben darüber zu finden, ob beim Wechsel auf Standardsoftware, nicht erheblicher Programmieraufwand in das Customizing geflossen ist.

Eine allgemeingültige Aussage zugunsten von Standard- oder Individualsoftware ist nicht möglich. Im operativen Bereich der Administration und Disposition wird überwiegend Standardsoftware eingesetzt. Für individuelle Lösungen und insbesondere zur Schaffung von Wettbe-

---

54 Gadatsch, Mayer 2006

55 CIO steht für Chief Information Officier. Der CIO ist die höchstrangige Persönlichkeit in einem Unternehmen, der mit den strategischen Aufgaben des IT-Managements beauftragt ist.

56 Brenner, Witte 2007

57 Riemann 2001

werbsvorteilen spielen Eigenentwicklungen oder erhebliche Weiterentwicklung von Standardsoftware eine bedeutende Rolle.

Für KMU gibt es in den meisten Fällen keine Alternative zu Standardsoftware, da die Kapazität für eigene Entwicklungen nicht vorhanden ist.[58]

Umso bedeutsamer ist für KMU die Frage, wie aus den vorhandenen Möglichkeiten Wettbewerbsvorteile durch die Softwarestrategie gewonnen werden können und welche Rolle OSS dabei spielt. Stellt OSS für das Unternehmen Standardsoftware oder Individualsoftware dar? Der Standardanteil wird üblicherweise überwiegen.

Da KMU regelmäßig nur eingeschränkte Softwareentwicklungskapazitäten vorhalten, soll die Prämisse gelten, dass von den Möglichkeiten der internen Weiterentwicklung kein oder nur geringer Gebrauch gemacht wird.

4.3 Anwendungssoftware-Strategien

Anwendersoftware kann entweder als Standardsoftware am Markt gekauft werden oder die Anwendersoftware wird als Individualsoftware selbst vom Unternehmen entwickelt. Bei der Auswahl neuer Software für den Einsatz im Unternehmen muss zuerst die Frage nach den Wettbewerbsvorteilen beantwortet werden, die durch eine Eigenentwicklung erreicht werden können. Können keine nachhaltigen Wettbewerbsvorteile erzielt werden, so sollte die effizienteste Möglichkeit zur Beschaffung gefunden werden.

4.3.1. Eigenentwicklung

Unternehmen entwickeln Software selbst, wenn keine adäquate Lösung auf dem Markt erhältlich ist oder technische Rahmenbedingungen dies erforderlich machen. Die Software wird maßgeschneidert auf die speziellen Anforderungen eines Unternehmens entwickelt. Eigenentwicklungen können ein kritischer Erfolgsfaktor sein und die Wettbewerbsfähigkeit eines Unternehmens verbessern.

Ein nachhaltiger Wettbewerbsvorteil durch Eigenentwicklung liegt dann vor, wenn die Anwendung in ihrer Gesamtheit wertvoll im Sinne eines Wettbewerbsvorteils ist. Dies bedeutet, dass die Anwendung ge-

[58] Riemann 2001

genüber Konkurrenten einen strategischen Vorteil bietet, den diese nicht leicht einholen können.

Der personelle und finanzielle Aufwand ist meist erheblich und stellt aufgrund der geringen Ressourcenintensität gerade für KMU häufig keine Alternative dar.

Bei der Eigenentwicklung lassen sich drei Umsetzungskonzepte unterscheiden:

- Entwicklung erfolgt durch interne Ressourcen (IT-Abteilung)
- Anwender in der Fachabteilung entwickelten die Software (Enduser Computing)
- Externe Anwendungsentwickler programmieren die Software (Fremdentwicklung)

Eine Besonderheit bildet das sog. Enduser-Computing. Durch die benutzerfreundlichen Möglichkeiten der Individuellen Datenverarbeitung (IDV) können fachlich versierte Anwender durchaus komplexe Anwendungen erstellen. Nachteil des Enduser-Computing sind entstehende Insellösungen, die zu Dateninkonsistenzen führen können. Häufig werden die vom Anwender erstellten Programme nicht umfassend dokumentiert, so dass eine Systempflege nach Ausscheiden des Mitarbeiters nur schwer möglich ist.

4.3.2. Standardsoftware

Der Anteil an Standardsoftware ist in den letzten Jahren stetig gestiegen. Besonders in den Bereichen der IDV (Textverarbeitung, Tabellenkalkulation, Präsentation, Grafik, Datenbanken) und in den betriebswirtschaftlichen Funktionen wie Finanzbuchhaltung, Auftragsbearbeitung oder Produktionssteuerung nimmt Standardsoftware mit unternehmensübergreifenden und teilweise branchenübergreifenden Ausrichtung einen immer höheren Stellenwert ein.[59] Bei der Auswahl von Standardsoftware spielt die Funktionalität, die den Bedürfnissen des Unternehmens und des Anwenders entsprechen muss eine große Rolle. Außerdem muss sich die Standardsoftware in die bestehende Anwendungsarchitektur integrieren lassen.

---

[59] Krcmar 2005

Unbedingt muss berücksichtigt werden, dass auch bei der Entscheidung für Standardsoftware berücksichtigt werden, dass zusätzlicher Aufwand für Anpassung und Einführung anfällt.

4.3.3. Open Source Software

OSS nimmt eine Sonderstellung zwischen Standardsoftware und Eigenentwicklung ein. Die entscheidenden Prinzipien ob "Make" oder "Buy" werden durch den Aspekt des Open-Source beeinflusst. Wie zuvor ausgeführt, sollte die Eigenentwicklung favorisiert werden, wenn das Unternehmen dadurch einen Wettbewerbsvorteil erwirkt. Außerdem wurde darauf hingewiesen, dass die Eigenentwicklung i.d.R. eine beträchtliche Investition bedeutet. Es kann nicht im Interesse des Unternehmens liegen, diesen möglichen Wettbewerbsvorteil durch Code-Offenlegung und -weitergabe zu gefährden. Wird vor allem durch differenzierende und weniger durch die Form der Nutzung ein strategischer Wettbewerbsvorteil erzielt, so ist die Verwendung von OSS nicht sinnvoll, wenn die Lizenz eine Offenlegung und Weitergabe der Eigenentwicklung fordert.[60]

Verspricht die Anwendung keinen strategischen Vorteil, so kann aufgrund einer Betrachtung von Transaktions- und Produktionskosten zwischen Eigenentwicklung, Auftragsentwicklung und Mischformen entschieden werden. OSS hat dabei gegenüber Standardsoftware folgende Vorteile:[61]

- Die Software ist an die unternehmensinternen Anforderungen besser angepasst.
- Die Abhängigkeit von einem einzigen Hersteller verringert sich, da die Software von jedem weiterentwickelt werden darf.
- Die Einsehbarkeit des Quellcodes erhöht theoretisch Qualität und Sicherheit.
- Es fallen weder Kosten zur Lizenzierung noch Transaktionskosten an.

---

60 Vgl. Brügge u.a. 2004

61 Vgl. Krcmar 2005

4.4 Bewertung von Open Source Software im Lichte des strategischen IT-Managements

"Die IT-Strategie eines Unternehmens ist heute immer auch eine Open Source-Strategie (OSS-Strategie), selbst wenn sie im Hinblick auf OSS nur die Aussage macht, dass OSS nicht eingesetzt wird."[62]

Sicherlich ist es zutreffend zu sagen, dass Open Source Software heute in jedem KMU eingesetzt wird.

Da auch Basisdienste wie BIND[63] OSS darstellen, ist diese Feststellung eigentlich trivial. Der Einsatz von OSS an bestimmten Stellen der IT-Infrastruktur ist jedoch von der strategischen Rolle die OSS in einem KMU spielt, abzugrenzen.

Wie im Abschnitt 4.2 beschrieben, ist die Softwarestrategie ein Aufgabengebiet des strategischen IT-Managements und OSS wird für KMU eher einen Standardsoftware-Charakter aufweisen und nicht die Grundlage für eine komplexe Individualentwicklung darstellen.

Entscheidend für die Einordnung des Themas OSS in das strategische Management ist die Frage, ob der Einsatz von OSS eine erfolgskritische Rolle spielt.

Wertet man die Themen der Handelsblatt Jahrestagung „Strategisches IT-Management" über die letzten 10 Jahre aus, so stellt man fest, dass dort kein einziger Vortrag dem Thema OSS gewidmet ist. Insgesamt wurden 104 Vorträge gehalten, ganz überwiegend von Top-Managern großer und mittlerer Unternehmen. Dies mag ein wichtiges Indiz dafür sein, dass OSS nicht im Mittelpunkt des Interesses bei den IT-Managern der 1. oder 2. Ebene steht. Es ist durchaus logisch und nachvollziehbar, denn mit OSS werden hauptsächlich Kosteneinsparungen durch den Wegfall von Lizenzkosten verbunden. Kostensenkungsmaßnahmen sind typisch für den Bereich des operativen Managements und eben dort entsprechend einzuordnen.

OSS wird heute eben noch nicht als strategischer Erfolgsfaktor für ein Unternehmen eingeordnet. Die optimale Unterstützung erfolgskritischer Geschäftsprozesse und die Erschließung von Erfolgspotenzialen sind nach wie vor unabhängig von der Art der eingesetzten Software.

---

62 Ganten 2004

63 BIND = **B**erkeley **I**nternet **N**ame **D**omain. ein Open-Source-Softwarepaket, mit dem auf Rechnern mit Standard-Betriebssystemen ein Domain-Name-System-Server implementiert werden kann.

Ist ein Unternehmen erfolgreicher, weil es überwiegend OSS einsetzt? Diese Frage ist schwer zu beantworten, da entsprechende Daten nicht verfügbar sind. Man könnte sich von der anderen Seite dieser Frage nähern und untersuchen, ob erfolgreiche Unternehmen mehr OSS einsetzen, als weniger erfolgreiche Unternehmen. Aber selbst wenn das der Fall wäre, müsste noch ein eindeutiger Ursache-Wirkungszusammenhang bewiesen werden. Die Hypothese bleibt vorerst bestehen: Der Einfluss von OSS auf die Ausschöpfung der Erfolgspotenziale ist von eher geringer Natur.

Ob ein Server unter Linux oder Windows läuft, dürfte den Erfolg eines Unternehmens nur marginal oder gar nicht beeinflussen. Ein Wettbewerbsvorteil ergibt sich i.d.R. nicht mehr durch den Einsatz von Standardsoftware, schlicht deswegen, weil dies alle tun. Um einen Wettbewerbsvorteil zu erwirken, muss man etwas anders machen, als die Wettbewerber. Und anders machen heißt besser machen. Dies ist mit Lösungen "von der Stange" nicht zu erreichen.

Software nimmt dann einen strategischen Stellenwert ein, wenn sie einen wesentlichen Beitrag zur Ausschöpfung oder Schaffung von Erfolgspotenzialen liefert.

Nun könnte man argumentieren, dass bei der Strategie Kostenführerschaft, dass Wegfallen von Lizenzkosten einen direkten Beitrag bei der Umsetzung dieses Strategie leistet. Dies ist sicherlich der Fall, falls die Lizenzkosten einen wesentlichen Anteil an den Gesamtkosten haben. Da die Lizenzkosten jedoch zumindest im Bereich der Open Source Produkte einen Anteil von unter 5 % haben, kann hier kein wesentlicher Anteil gesehen werden.

Der Einsatz von Open Source in KMU kann deshalb keine strategische Aufgabe sein.

4.5 Open SourceSoftware Geschäftsmodelle

Nachdem zunächst die strategische Perspektive des Software-Nachfragers bezüglich OSS erläutert wurde, werden in diesem Abschnitt möglichen Strategien von OSS-Anbietern vorgestellt.

Unternehmen mit einem heterogenen Produktspektrum können in strategische Geschäftsfelder segmentiert werden. Zur Identifikation von Geschäftsfeldern, die aufgrund ihrer Marktbedingungen besonders geeignet sind, Erfolgspotenziale zu erreichen, wird die Portfolio-Analyse[64] angewandt.

Die strategischen Geschäftsfelder werden anhand der Kriterien Marktwachstum und relativer Marktanteil klassifiziert. Das Marktwachstum wird als Synonym für die Marktattraktivität und der relative Marktanteil als Synonym für die Wettbewerbsstärke gebraucht. Durch Positionierung der Produkte/Geschäftsfelder in das Portfolio können Entscheidungshilfen für Strategieempfehlungen gewonnen werden. Die BCO-Matrix vereint die Theorie der Erfahrungskurve und des Geschäftsfeldlebenszyklus (siehe Abbildung 8).

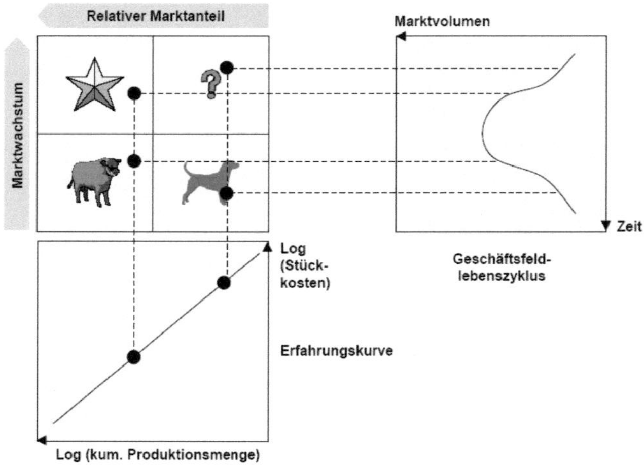

Abbildung 8: Boston Consulting Group Matrix: Synthese aus Erfahrungskurve und Geschäftsfeld-lebenszyklus

(Quelle: BCG 2004)

Normalerweise beginnt ein Produkt seinen Lebenszyklus mit hohem Marktwachstum und einem niedrigen Marktanteil (sog. "Fragezeichen"). Es entwickelt sich zum "Star" mit hohem Marktwachstum und hohem Marktanteil und wird schließlich zur "Cash Cow" mit hohem Marktanteil bei niedrigem Marktwachstum. In dieser Phase schöpft der

[64] Hier wird nur auf die Portfolio-Analyse der Boston Consulting Group (BCG) eingegangen. Es existieren noch weitere Portfolio-Konzepte wie z.B. die 9-Felder-Matrix von Mc Kinsey.

Anbieter Gewinne ab. In der letzten Phase mutiert das Produkt zum "Poor Dog".

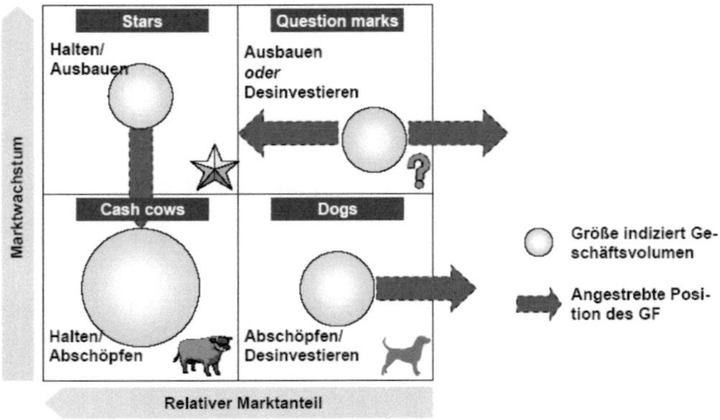

Abbildung 9: BCO-Matrix: Dimensionen und Strategien

(Quelle: BCG 2004)

Wendet man dieses Konzept auf OSS an, so ist das folgende Szenario realistisch:

Unterstellt man, dass eine Software zunächst als proprietäres Produkt geplant, dann aber als Open-Source veröffentlicht wurde, ist es naheliegend, dass dieses Produkt weder "Star" noch "Cash Cow" sein kann.[65] Es muss also in die Kategorie "Fragezeichen" oder "Armer Hund" eingeordnet werden. Die Einordnung in die Kategorie "Armer Hund" ist am wahrscheinlichsten. Es bietet sich dennoch die Chance mit dem Produkt auf andere Weise Geld zu verdienen, z.B. durch Support, Beratung und Schulung. Sollte selbst das nicht gelingen, so beeinflusst man mit dieser Strategie trotzdem noch das Marktsegment. Der Wettbewerber muss sich nun damit auseinandersetzen, dass in seinem Marktsegment ein OSS-Produkt existiert. Es ist durchaus wahrscheinlich, dass so die Umsätze oder der Marktanteil eines Wettbewerbers reduziert werden.

---

[65] Hinweis: Ein rein idealistisches und nicht auf wirtschaftlichen Erfolg ausgerichtetes Motiv wird nicht angenommen. Praktisch wäre es aber auch nicht auszuschließen.

Weitere mögliche Modelle und Beispiele für einen kommerziellen Erfolg mit Geschäftsmodellen, die auf OSS basieren sind:[66]

Duale Lizenzierung: Software wird einerseits frei und mit einigen, wenigen Beschränkungen angeboten; eine zweite Version gewährt kommerzielle Rechte gegen Zahlung einer Gebühr.

Consulting-Strategie: OSS wird in geschäftskritischen Bereichen von professionellen Unternehmen auf die jeweiligen Prozesse angepasst.

Abonnement-Strategie: Consulting, Anpassung, Updates und Wartung werden von einem Anbieter kostenpflichtig für einen kommerziellen Kundenstamm angeboten.

Anbieten von Services: Der Anbieter vertreibt keine Lizenzen, sondern stellt bestimmte Dienstleistungen zu der Software kostenpflichtig zur Verfügung.

Eingebettete Strategie: Hardware-Hersteller verwenden freie Software als Betriebssystem. Die Einnahmen bestehen aus dem Verkauf der Hardware.

Die Existenz und der Erfolg von OSS ist also nicht nur auf idealistische Motive zurück zu führen, sondern ist Bestandteil eines wettbewerbsorientierten Geschäftsmodells, in dem es dem Anbieter von OSS durchaus darum gehen kann, Gewinne zu erwirtschaften oder dem Wettbewerber Marktanteile abzunehmen. Zusätzliche Ausführungen hierzu werden im Abschnitt 5.10 erläutert.

4.6 Open Source Software im Gesamtmarkt für Software

Der Gesamtmarkt für Software wächst seit Jahren um ca. 5 % jährlich. Nach veröffentlichten Zahlen des Bundesverbands Informationswirtschaft Telekommunikation und neue Medien (BITKOM) wird sich dieses Wachstum auch im Jahr 2009 fortsetzen (siehe Abbildung 10).

66 Vgl. Holl 2006

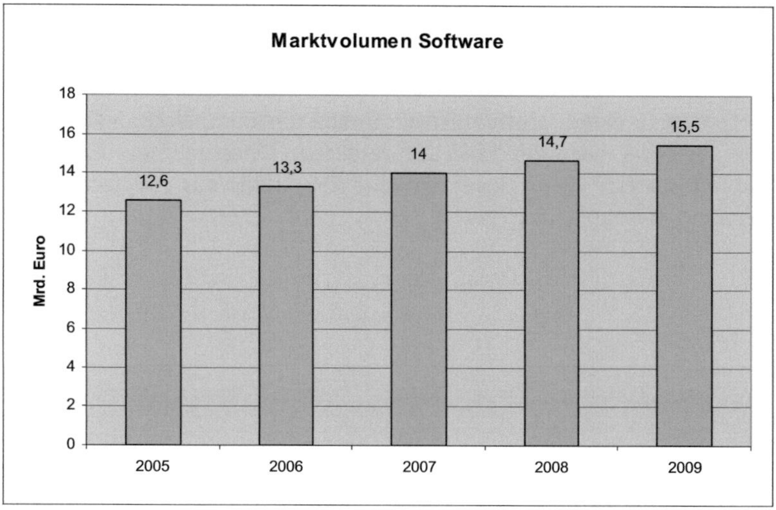

Abbildung 10: Markvolumen Software
(Quelle: BITKOM, EITO 2008)

Ein erkennbarer Einfluss von OSS auf den Gesamtmarkt eines in Form rückgängigen Markvolumens für Software ist nicht erkennbar.

Da OSS jedoch ebenfalls immer weitere Verbreitung in die Unternehmen findet, sind mehrere Schlussfolgerungen möglich:

- Kommerzielle Software wird immer teurer und überkompensiert die Lizenzkosteneinsparungen durch OSS. Obwohl der Anteil an kommerzieller Software im Unternehmen sinkt, steigen die Kosten für den verbleibenden Teil umso stärker an.
- Zwar werden durch OSS Einsparungen bei Lizenzkosten erzielt, aber diese Einsparungen werden nicht wirksam, weil für das eingesparte Geld zusätzliche Software beschafft wird.

Der Einsatz von Linux ist in mittelständischen Unternehmen weniger stark vertreten, als bisher angenommen.[67] Das Marktforschungsinstitut TechConsult hat in 2007 die Ergebnisse einer Befragung unter 200 IT-Managern in mittelständischen Unternehmen mit 20 bis 500 Mitarbeitern vorgestellt.

---

[67] Vgl. Diedrich 2007

In Unternehmen mit weniger als 200 Mitarbeitern wird lediglich ein Anteil von 20 % und bei den größeren Mittelständlern mit 200 und mehr Mitarbeitern ein Anteil von 28 % ermittelt. Das Ergebnis steht im Widerspruch zu einer veröffentlichten Studie der Europäischen Kommission aus 2006, nach der 30 % der deutschen Unternehmen mit bis zu 500 Mitarbeitern Linux einsetzen. Eine IDC-Studie aus 2005 ermittelte sogar einen Anteil von 40 %.[68]

[68] Vgl. Mrksa 2006

5. Bewertung betriebswirtschaftlicher Effekte

5.1 Migrationsmotive

Soll OSS im Unternehmen eingesetzt werden, so muss i.d.R. eine Migration erfolgen. Migration ist eine komplexe Aufgabe, die Technik, Anwender und auch Geschäftsprozesse umfasst. Eine Migration ist dann sinnvoll, wenn eine technologische und/oder wirtschaftliche Verbesserung erreicht wird.

Als Motive werden häufig genannt:

- Zunehmender Druck auf Entscheider in Unternehmen, IT-Kosten nachhaltig zu senken
- Wachsende Unzufriedenheit der Anwender über Geschäfts- Lizenz- und Produktpolitik von Softwareherstellern (auslaufende Wartung, Zwang zum Upgrade, Versionspflege, Release-Wechsel, Support)
- Zunehmendes Angebot von Alternativen, die qualitativ und wirtschaftlich ebenbürtig sind.

Zwischen Migration und Neueinführung von Systemen sollte grundsätzlich unterschieden werden. Neueinführungen sind regelmäßig einfacher und preiswerter zu bewerkstelligen, als eine Migration, bei der verschiedene, zum Teil historisch gewachsene Architekturen abgelöst und Daten migriert werden müssen, ohne dass es zu einer wesentlichen Störung des Betriebs kommt.[69]

Besonders die Existenz selbstentwickelter Anwendungen, die ebenfalls migriert werden müssen, Überführung von Altdaten, spezielle Nutzer- und Zugriffsrechte oder andere Besonderheiten führen zu einem erheblichen Projektaufwand.

5.2 Migrationskostenanalysen

Migrationsaufwand besteht überwiegend aus Personalaufwand (siehe Tabelle 6). Der Lizenzkostenanteil ist relativ gering.

---

[69] Bundesministerium des Innern 2008

Unternehmensgröße	Software	Personal
Klein	bis zu 7 %	bis zu 93 %
Mittel	bis zu 10 %	bis zu 90 %
Groß	bis zu 13 %	bis zu 87 %

Tabelle 6: Verteilung von Migrationsaufwand

(Quelle: Bundesministerium des Innern 2008)

Die Migration wird mit steigender Anwenderzahl kostengünstiger. Für KMU ist dies ein wichtiger Aspekt, da die Anzahl der Anwender geringer ist, als in einer großen Organisation.

Als weitere Vergleichsgröße können die Migrationskosten pro Benutzer betrachtet werden. Auch hier ergibt sich das Bild, dass KMU mit höheren Migrationskosten pro Benutzer rechnen müssen, als große Unternehmen.

Die absolute Höhe der Migrationskosten wird wesentlich davon beeinflusst, ob eine vollständige oder teilweise Migration auf OSS durchgeführt wird. In Abbildung 11 wird zwischen einer vollständigen, serverseitigen und clientseitigen Migration unterschieden.

Die Kostenentwicklung bei der breiten Migration bestätigt den bisher festgestellten Trend der Kostendegression bei steigender Betriebsgröße.

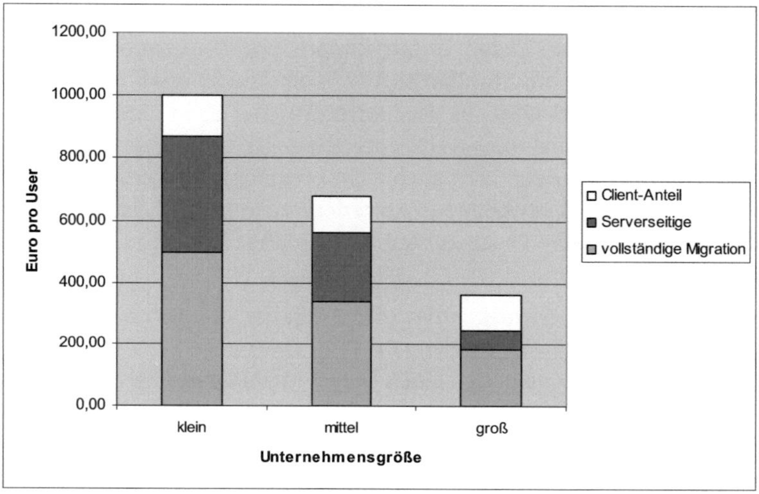

Abbildung 11: Migrationskosten pro Benutzer

(Quelle: Bundesministerium des Innern 2008)

5.3 Prozesse und Kundenorientierung

Geschäftsprozesse bilden die Basis des Unternehmens. Als Voraussetzung für ein planbares, kontrolliertes und effizientes Arbeiten muss sichergestellt werden, dass die wesentlichen Prozesse eines Unternehmens in gleichartiger Weise wiederholt werden.

Die Wiederholung von Aktivitäten ist die Voraussetzung für den Aufbau von Erfahrungen und für die Nutzung dieser Erfahrungen zur effektiveren und effizienteren Abwicklung. Die Wettbewerbsfähigkeit eines Unternehmens hängt wesentlich von der Qualität ihrer Geschäftsprozesse ab.

Die Definition eines Prozesses bedeutet i.d.R., dass ein bereits vorhandener Prozess untersucht und beschrieben wird.

Um Verbesserungen der Prozessqualität zu erreichen kann Software einen wichtigen Beitrag leisten. Prozesse müssen von Software optimal unterstützt werden. Um dies zu gewährleisten, müssen die Prozesse definiert und dokumentiert sein. Erst danach kann die Software auf die Prozesse angepasst werden.

Software ist kein Selbstzweck, sondern hat stets Werkzeugcharakter.

Es ist nach wie vor eine Herausforderung, Software an die spezifischen Anforderungen eines jeden Unternehmens optimal anzupassen. Das gilt selbst dann, wenn Standardsoftware eingesetzt wird. Es mag unbestritten sein, dass OSS aus produkttechnischer Sicht einer kommerziellen Software qualitativ nicht unterlegen ist, allerdings ist sie aus prozessunterstützender Sicht auch nicht überlegen. Da OSS entwickelt wird, ohne dass es ein genaues Anforderungsprofil gibt, ist die Frage nach einer optimalen Prozessunterstützung eher kritisch zu beantworten.

Kunden können externe Kunden (Auftraggeber, Käufer) oder interne Kunden sein. Interne Kunden sind die Benutzer der IT-Systeme. Ihre Interessen und Wünsche haben einen hohen Stellenwert und müssen unbedingt berücksichtigt werden. Unzufriedene Mitarbeiter können aus nicht-rationalen Gründen die Benutzung einer Software verweigern oder so nutzen, dass die maximale Wirksamkeit nicht erreicht wird.

Die Auseinandersetzung mit den Anforderungen der Kunden darf nicht von untergeordneter Bedeutung sein.

Die früher in der Software-Entwicklung vorherrschende Einstellung, dass der Entwickler besser als der Kunde weiß, was dieser braucht, darf auf keinen Fall vorherrschen. Eine wichtige Eigenschaft von OSS ist, dass sie als entwicklerzentriert und nicht kundenzentriert eingestuft wird.

Es herrscht eine erhebliche Technikverliebtheit vor, die die Erfüllung von Kundenwünschen nicht an erste Stelle setzt. Eine Software, die ohne ausreichende Berücksichtigung der Kundenwünsche entwickelt wird, kann nur zufällig erfolgreich werden.[70] Kundenorientierung setzt voraus, dass ein genaues und konkretes Bild der tatsächlichen Kundenwünsche entwickelt wird.

5.4 Kennzahlen

Das Messen von Aktivitäten oder Ergebnissen ist wichtig für das Erreichen der Unternehmensziele. Key Performance Indicators, (KPI) oder Key Success Indicators (KSI), stellen ein wichtiges Instrument zur Definition und Fortschrittsmessung bei der Zielerreichung dar. Da einzelne Kennzahlen nur begrenzt aussagekräftig sind, fasst man mehrere dieser Kennzahl in einem sachlogischen Zusammenhang zu einem Kennzahlensystem zusammen. Es gibt allgemeine Kennzahlensysteme, die

---

[70] Vgl. Mellis u.a. 1996

als klassische Steuerungswerkzeuge eingesetzt werden. Häufig wird das Kennzahlensystem der Firma DuPont genannt, welches als Spitzenkennzahl den Return-on-Investment (ROI) verwendet.[71] Das Diebold-Kennzahlensystem[72] ist hierarchisch aufgebaut und umfasst zwei Kennzahlenbereiche: Wirkung des IT-Einsatzes auf die Unternehmensleistung und Wirtschaftlichkeit der Leistungserstellung der. Die "IT-Kosten in % vom Umsatz" bilden die Spitzenkennzahl. Hier liegt allerdings auch ein gravierender Nachteil, denn die einseitige Ausrichtung auf eine einzige Spitzenkennzahl verursacht einen hohen Kostendruck und vernachlässigt Nutzenaspekte. Schwankungen des Umsatzes beeinflussen die Spitzenkennzahl, ohne dass sich etwas an der Leistungsfähigkeit der IT geändert haben muss.[73]

Für KMU ist es besonders wichtig, dass sich die Bildung von aussagekräftigen Kennzahlen einfach und ohne hohen Aufwand generieren lässt. Das SVD-Kennzahlensystem[74] verzichtet auf eine Spitzenkennzahl und legt seine Zielsetzung auf die Unterstützung von Planung, Kontrolle und Steuerung der Wirtschaftlichkeit von IT-Anwendungen.[75] Die notwendigen Angaben zur Bildung der Kennzahlen lassen sich aus dem internen Rechnungswesen und der Personalwirtschaft ermitteln. Der Nutzen einer Anwendung wird durch Gegenüberstellung des Nutzens ermittelt, der sich ohne das IT-System erzielen lässt. Durch die Bestimmung von Kennzahlen für verschiedene Anwendungen sowie für den zentralen IT-Bereich entsteht ein ganzheitliches Kennzahlensystem. Für den Vergleich, die Bewertung und Steuerung von OSS und kommerzieller Software seien folgende Kennzahlen des SVD empfohlen:

---

71 Vgl. z.B. Dinter 1999

72 Vgl. Diebold 1984

73 Vgl. Britzelmaier 1999

74 SVD = Schweizerische Vereinigung für Datenverarbeitung

75 Vgl. Biethahn 2000

(1) Kostenverhältnis Anwendersoftware= $\frac{\sum \text{Entwicklung}-, \text{Systembetreuungs}-, \text{Änderungskosten}}{\text{Gesamtkosten für Anwendersoftware}}$

(2) Systembetreuung Entwicklungsquote= $\frac{\text{Systembetreuungskosten}}{\text{Neuentwicklungskosten}}$

(3) Personalabhängiger Verrechnungssatz $\frac{\text{Personalkosten}}{\text{geplante verrechenbare Personalstunden}}$

(4) Supportintensität= $\frac{\text{Support} - \text{Kosten}}{IT - \text{Kosten}}$

(5) Wartungsintensität= $\frac{\text{Wartungs} - \text{Kosten}}{IT - \text{Kosten}}$

(1) Das Kostenverhältnis Anwendersoftware setzt die Summe der Entwicklungs- Systembetreuungs- und Änderungskosten ins Verhältnis zu den Gesamtkosten für Anwendersoftware im Unternehmen. Der Einsatz von OSS wirkt sich günstig für das Unternehmen aus, wenn der Koeffizient kleiner wird.

(2) Die Systembetreuungs- Entwicklerquote setzt die Systembetreuungskosten ins Verhältnis zu den Neuentwicklungskosten. Je kleiner der Quotient, desto weniger lohnt der Umstieg auf eine Neuentwicklung.

(3) Der personalabhängige Verrechnungssatz ist von besonderer Bedeutung, da im Bereich der indirekten Kosten die unproduktive Zeit mit einem Stundensatz bewertet werden muss. Grundsätzlich sollte jedes Unternehmen seine wichtigsten internen Stundensätze kennen, um bei Make-or-Buy-Entscheidungen eine Entscheidungshilfe zu haben.

(4) Die Supportintensität ist ebenso wie die (5) Wartungsintensität ein wichtiger Indikator, wenn es um die Bewertung und Verfolgung nach einer Anwendungsumstellung geht. Steigt die Intensität nach der Umstellung und bleibt sie auf hohem Niveau so wird sich das mittel- und langfristig negativ auf die Wirtschaftlichkeit auswirken. Eingesparte Lizenzkosten können hier einen negativen Effekt kaum abfedern.

Grundsätzlich müssen Kennzahlen immer im Vergleich gesehen und beurteilt werden. Nur auf den Einsatz von OSS bezogen, erhält man keine aussagekräftigen Kennzahlen. Es muss immer auch die Alternative durch kommerzielle Software berücksichtigt werden.

5.5 Ergebnisbewertung der Open Source Studie Einsatzpotenziale und Wirtschaftlichkeit der Fraunhofer Gesellschaft

Das Competence Center Electronic Business am Fraunhofer-Institut für Arbeitswirtschaft und Organisation veröffentlichte 2005 eine interne Studie zum Einsatz von Open Source Software.[76] Die Studie stellt Einsatzbereiche von Open Source Software in den wichtigsten Teilbereichen dar und zeigt eine Vorgehensweise, um die Wirtschaftlichkeit des Einsatzes zu berechnen. Im Folgenden wird nur auf den Teil der Wirtschaftlichkeit und die Empfehlungen der Studie eingegangen. In diesem Kapitel werden diese Ergebnisse kurz vorgestellt und bewertet.

Die Fraunhofer Gesellschaft ist eine öffentliche Forschungseinrichtung, die aus mehr als 80 einzelnen Einrichtungen, davon 56 Fraunhofer Institute mit über 13.000 Mitarbeitern besteht. Grundlage der Studie war eine interne Befragung von 55 IT-Managern der Forschungseinrichtungen. Die Untersuchung der Wirtschaftlichkeit erfolgt anhand eines konkreten Szenarios, in dem es um die Migration von persönlichen Mitarbeiterrechnern mit aktueller Software von Microsoft (Betriebssystem, Office-Software, Outlook) auf Open-Source ging. Anhand relevanter Kostentreiber wurde eine TCO-Analyse durchgeführt. Eine Prüfung, ob OSS in den Anwendungsfeldern Betriebssysteme, Office- und Groupware-Anwendungen für eine Migration geeignet ist, wurde zuvor durchgeführt und im weiteren Verlauf der Wirtschaftlichkeitsbetrachtung vorausgesetzt.

Ergebnis der Wirtschaftlichkeitsbetrachtung

Die Kosten für die Fortführung einer Microsoft-basierten und eines reinen Open-Source-basierten Arbeitsplatzsystems wurden anhand der Kapitalwertmethode aufbereitet und gegenübergestellt. Im Rahmen der Studie wurde außerdem eine Unterscheidung zwischen Vollkosten und haushaltswirksamen Teilkosten getroffen. Auf Vollkostenbasis wurde eine Einsparung von 2,4 % und auf Teilkostenbasis eine Einsparung von 6,9 % ermittelt. Der Wegfall der Lizenzkosten durch den Einsatz von OSS führt in vielen Fällen zu einer Senkung der TCO.

---

[76] Renner u.a. 2005

Kritische Würdigung

Migrationsplanung

"Die Planung muss sowohl bei der Migration auf proprietärer als auch auf Open Source-Software vorgenommen werden. Der Aufwand sollte sich in diesem Punkt überwiegend die Waage halten und wird damit als kostenneutral angenommen."[77]

Selbst unter der Voraussetzung, dass IT-Fachleute sowohl beim Windows- wie beim Linux-Know-How ein identisches Niveau haben, so wird nicht berücksichtigt, dass es deutlich aufwändiger ist, einen Linux-Arbeitsplatz in eine Netzwerkinfrastruktur zu integrieren. Da bisher ausschließlich Windows-Systeme im Einsatz waren, wird die Integration eines Linux-basierten Systems deutlich schwieriger in die Domäne zu integrieren sein. Ein einfacher Arbeitsplatzwechsel des Benutzers an einen anderen PC wird ebenfalls nicht mehr möglich sein. Das Linux-Benutzerprofil kann ohne weiteres nicht von einem Windows-PC geladen werden. Dies ist nur mit erheblichem IT-Aufwand zu bewerkstelligen.

Die getroffene Annahme, dass der Migrationsaufwand kostenneutral verlaufen wird, ist zu optimistisch und praktisch nicht zu realisieren.

Übernahme der Altdatenbestände

"Die Importschnittstelle der Open Office Anwendungen können die Microsoft-Dokumente relativ problemlos einlesen [..]"[78]

Als Schlussfolgerung der oben zitierten Aussage seien die Kosten im Vergleich zu anderen Kostentreibern als vernachlässigbar bzw. kostenneutral anzusehen. Dieser Auffassung kann der Verfasser aufgrund vollkommen anderer Erfahrungen nicht folgen. Gerade im Bereich der Datenübernahme liegt ein erhebliches Kostenpotenzial. So wurde bei der Umstellung eines einzigen Mailclients von proprietärer Software auf OSS ein Aufwand von 24 Stunden ermittelt. Nicht eingerechnet sind die Produktivitätsverluste des Anwenders durch Neulernen der Bedienung. Ähnliche Erfahrungen wurden bei der Benutzung von Open Office gemacht. Nur sehr einfache Office-Dokumente wurden fehlerfrei importiert. Komplexe Dateien, die Fußnoten, Referenzen, Tabellen und Grafiken enthielten mussten komplett überarbeitet oder neu erstellt werden.

---

77 ebenda, S. 161

78 ebenda, S. 162

In die TCO-Analyse müssen die bewerteten Aufwandsstunden berücksichtigt werden. Die internen Kosten, die durch eine Datenübernahme verursacht werden, finden keinen Niederschlag in der TCO-Analyse der FHG.

Softwareanpassung

Hier werden Aufwendungen, insbesondere auf die Konvertierung von Makros, die im Rahmen des Enduser-computings entstanden sind, verstanden.

"Makros kommen in der Fraunhofer-Gesellschaft punktuell vor. Eine Aussage über den Aufwand einer derartigen Konvertierung ist schwierig."[79]

Trotz dieser vorsichtigen Aussage werden die Kosten, die durch eine Konvertierung entstehen, als vernachlässigbar angesehen.

Die heutigen Standardsoftwareprodukte stellen häufig komplette Programmiersprachen zur Verfügung. So ist im Office-Paket der Firma Microsoft die Programmiersprache Visual Basic vollständig enthalten, einschließlich einer kompletten Programmierumgebung. Der Enduser ist bei entsprechender Ausbildung in der Lage, komplexe Programme zu erstellen. Die Annahme, dass die Umstellung solcher Programmpakete kostenneutral durchgeführt werden kann, ist praktisch nicht nachvollziehbar. Erfahrungsgemäß verursachen gerade diese Umstellungen einen besonders großen Aufwand. So heißt es in der Kurzfassung des Abschlussberichts der Client Studie der Landeshauptstadt München:

"Die Änderung des Büroanwendungssystems kann erhebliche Auswirkungen für die Weiternutzung von Makros und Formularen haben. In fast allen Referaten werden LHM referatsspezifische MS OFFICE-Fomulare und –Makros eingesetzt, die i.d.R. intern, d.h. von Mitarbeitern der LHM entwickelt wurden."[80]

Die Annahme, dass die Umstellung solcher Programmpakete kostenneutral durchgeführt werden kann, ist praktisch nicht nachvollziehbar.

Erfahrungsgemäß verursachen gerade diese Umstellungen einen besonders großen Aufwand. So heißt es in der Kurzfassung des Abschlussberichts der Client Studie der Landeshauptstadt München:

"Die Änderung des Büroanwendungssystems kann erhebliche Auswirkungen für die Weiternutzung von Makros und Formularen haben. In fast al-

---

79 a.a.O., S. 10

80 ebenda S. 8

len Referaten werden LHM referatsspezifische MS OFFICE-Fomulare und –Makros eingesetzt, die i.d.R. intern, d.h. von Mitarbeitern der LHM entwickelt wurden."[81]

Der Abschlussbericht gibt auch eine Quantifizierung der Kosten in Höhe von 1,4 Mio Euro als Wiederbeschaffungskosten für die vorhandenen Makros und Formulare an. Dies macht ca. 3 % des gesamten Projektbudgets aus. Nicht enthalten sind in dieser Schätzung die Makros und Formulare, die individuell von einzelnen Anwendern zur Unterstützung ihrer persönlichen Arbeitsorganisation entwickelt wurden.

So wird die Migration von MS Access mit einem mittleren bis höherem Schwierigkeitsgrad bewertet und als Migrationsszenario wird die Neuentwicklung empfohlen.[82]

Bei der Umstellung von Vorlagen, Makros und Formularen sind alle Schwierigkeitsgrade möglich. Hier ist nur eine situationsbedingte Einschätzung möglich. Letztlich bleibt hier nur die Einzelfallprüfung. Als Migrationsszenario könnte eine Beibehaltung der Anwendung durch Emulation, eine aufwändige Portierung nach Open Office oder eine Ablösung in Betracht kommen.

Bei Einsatz eines OSS Office-Systems ist mit der kompletten Neurealisierung der eingesetzten Makros und Formulare zu rechnen. Der Erstellungsaufwand wird mit 70 % des ursprünglichen Entwicklungsaufwands angesetzt, da es sich um eine "Nachprogrammierung" handelt und Konzeption und Abstimmung fast völlig entfällt.[83] Trotzdem bleibt hier ein bedeutsamer Aufwandsblock, der die TCO-Analyse nachhaltig beeinflusst.

Außerdem muss berücksichtigt werden, dass die Anwenderzufriedenheit negativ beeinflusst wird, wenn durch einen extern verordneten Systemwechsel das selbst entwickelte Programm nicht mehr funktioniert.

Die Annahme führt zu einer weiteren Verzehrung der TCO-Analyse.

Schulung

Die Schulungsdauer wird bei den Microsoft-Produkten mit ca. 6 Stunden und für die Open-Source Produkte mit 8 Stunden veranschlagt. Es wird darauf hingewiesen, dass ich die Schulungsbeteiligung hinsichtlich

---

81 ebenda, S. 8

82 Bundesministerium des Innern 2008, S. 86

83 a.a.O., S. 15

der Zielgruppe unterscheidet. Die Schulungen bilden einen relevanten Kostenblock, der für den Vergleich eine wichtige Rolle spielt.

Eine Schulungsdauer von 6 Stunden entspricht den eigenen Erfahrungen als angemessen, wenn es sich lediglich um eine Update-Schulung handelt. Das heißt, der Anwender hat vorher bereits mit Windows Systemen gearbeitet und wird nun mit den Veränderungen und Neuerungen der aktuellen Version vertraut gemacht (Differentialschulung).

Obwohl der Annahme zugestimmt wird, dass grundsätzlich ein Open-Source Produkt die gleichen Funktionen bereitstellt, wie ein Produkt aus dem Hause Microsoft, so ist die Benutzeroberfläche doch stark unterschiedlich. Auch werden andere Begriffe für ansonsten gleiche Funktionen benutzt. Dies muss der Anwender lernen. Außerdem findet ganz automatisch immer ein Vergleich mit dem vorhandenen Systemwissen statt. Schon geringe Bedienungsnachteile gehen zulasten der Anwenderakzeptanz.

Die veranschlagte Schulungsdauer von 8 Stunden ist bei einem Systemwechsel von Windows auf Linux zu niedrig angesetzt. So beträgt die Dauer eine Linux-Basisschulung bereits 2 Schulungstage. Selbst wenn man aufgrund der Windows-Vorkenntnisse 50 % dieser Zeit einsparen kann, würde allen für die Linux-Basisschulung eine Schulungszeit von 8 Stunden verbleiben. Hierin ist noch keinerlei Schulungszeit für das Open Office Paket enthalten. Zieht man hier gängige Umsteigerkurse von Microsoft Office auf Open Office heran, so stellt man fest, dass selbst für einen solchen Migrationskurs mindestens 2 Schulungstage veranschlagt werden.

Daraus folgt, dass eine angemessene Schulungsdauer für den Umstieg von einem Windows-System auf ein Open Office System mindestens 3 Schulungstage betragen würde.

5.6 Ergebnisbewertung der Client Studie der Landeshauptstadt München

Das Amt für Informations- und Datenverarbeitung der Stadt München hatte im Jahr 2002 eine Studie in Auftrag gegeben, die prüfen sollte, ob der Einsatz von OSS auf den Rechnern sämtlicher Verwaltungen und öffentlichen Einrichtungen für die Stadt betriebswirtschaftliche Vorteile gegenüber den bisher eingesetzten Produkten der Firma Microsoft hat.

Auslöser war die Ankündigung von Microsoft, das bis dahin eingesetzte Betriebssystem Windows NT nicht länger zu unterstützen. Die Studie "Client Studie der Landeshauptstadt München" wurde von der Unternehmensberatung UNILOG Integrata durchgeführt und hatte folgende Zielsetzung: Ermittlung und Bewertung möglicher Alternativkonfigurationen unter Berücksichtigung der technischen Machbarkeit sowie der wirtschaftlichen und qualitativ-strategischen Konsequenzen.

Am 28.05.2003 entschied der Stadtrat mehrheitlich, die Verwaltung mit der Feinkonzeption einer Migration auf OSS für das Client-Betriebssystem und die Büroanwendungssoftware zu beauftragen.

Dies ist insofern bemerkenswert, da die Studie unter reinen Kosten bzw. haushaltwirksamen Gesichtspunkten nicht den Umstieg auf OSS empfahl, sondern sich klar für den Weiterbetrieb mit Windows und MS-Office Produkten aussprach. So heißt es u.a.:

"Aus betriebswirtschaftlicher Sicht ergibt sich ein eindeutiges Bild. Die Variante XP/XP[84] weißt [..] mit 31,3 Mio. € den niedrigsten Kapitalwert aller Handlungsalternativen auf."[85]

"Die technische und die wirtschaftliche Betrachtung lassen keinen anderen Schluss zu, als dass die Aktualisierung der heute eingesetzten Microsoft-Produkte auf die nun aktuellen XP-Versionen die technisch einfachste und wirtschaftlich sinnvollste Handlungsalternative für die LHM darstellt."[86]

Im Bereich der strategisch-qualitativen Beurteilung empfahl die Studie eine Migration auf OSS, allerdings nur unter der Annahme einer Gleichgewichtung der monetär-wirtschaftlichen und qualitativ-strategischen Ziele.

Die qualitativ-strategische Betrachtung wird nur sehr rudimentär durchgeführt. Als einzig gewichtiger Grund wird die größere Herstellerunabhängigkeit angeführt, nachdem zuvor ausdrücklich auf die Abhängigkeit von der Preispolitik der Firma Microsoft hingewiesen wurde.

Es darf jedoch nicht unbeachtet bleiben, dass Abhängigkeiten von welcher Seite auch immer nie ganz auszuschließen sind. Ist die Entscheidung zugunsten von Open Office ersteinmal gefallen und umgesetzt, besteht eine hohe Abhängigkeit von der Open-Source-Community, die

84 Hinweis: Die Variante XP/XP bedeutet den Einsatz des Betriebssystems Windows XP mit dem MS-Office-Paktet in der Version XP.

85 Unilog Integrata 2003, S. 27

86 a.a.O., S. 29

Open-Office betreut. Bislang existieren keinerlei Garantien, die die kontinuierliche Weiterentwicklung des Produkts sicherstellen.

Als Beispiel, dass der Übergang in ein OSS-Produkt nicht unbedingt vorteilhaft ist, mag das EMail-Programm Eudora sein. Der Email-Client Eudora wurde von der Firma Qualcomm entwickelt und vertrieben. Das Programm erfreute sich gerade im akademischen Umfeld großer Beliebtheit. Im Jahr 2006 fiel die Entscheidung, Eudora nicht mehr als kommerzielle Software weiter zu entwickeln und den Quellcode als OSS freizugeben.[87]

Seitdem existiert nur eine fehlerbehaftete Beta-Version. Einen verbindlichen Termin für das Erscheinen eines neuen Produktiv-Release wurde noch nicht veröffentlicht. Außerdem haben sich verschiedene Äste in der OSS-Entwicklung herausgebildet, so dass ein add-on zu einem bestimmten Beta-Release passt, zu einer anderen Zwischenversion jedoch nicht mehr passt. Hier besteht aus Sicht des Anwenders zwar keine Abhängigkeit von einem Unternehmen und seiner Preis- und Produktpolitik, dafür aber eine Abhängigkeit von der Entwicklungstätigkeit einzelner Programmierer innerhalb der Community.

Die Entscheidung des Münchener Stadtrats vom Mai 2003 verdeutlicht, dass Entscheidungen im Bereich OSS, selbst bei eindeutiger betriebswirtschaftlicher Faktenlage, durch qualitativ-strategische Aspekte leicht beeinflusst werden können. Bereits im August 2004 kritisierte die Gartner Group die Entscheidung und merkte an, dass die Kosten und Risiken unterschätzt wurden, als die TCO des LiMux[88]-Projekts kalkuliert wurden.[89] Die anfängliche Testphase für die Einführung von Linux endete m September 2006. Seitdem ist die Umstellung der Windows-Arbeitsplätze im Kernbereich der Stadtverwaltung im Gange. Bislang wurde noch kein Plan-Ist-Vergleich veröffentlicht, der dokumentiert, ob die strategischen Vorteile der Studie bislang überhaupt operationalisierbaren Nutzen einbringen.

Nach nunmehr über 5 Jahren ist die Umstellung auf OSS noch längst nicht abgeschlossen. Zwar sind die Erkenntnisse und Erfahrungen nicht unmittelbar auf kleine und mittlere Unternehmen übertragbar, aber das Grundmuster der Entscheidungsfindung geben Aufschluss, dass es nicht genügt, mit strategisch-qualitativen Vorteilen zu argumentieren,

---

87 Vgl. Dirscherl 2006

88 LiMux ist der Projektname für das Realisierungsprojekt.

89 Gartner Research 2004

wenn 5 Jahre nach der Entscheidung kein operationalisierbarer Nutzen dokumentiert ist.

5.7 Fallstudie (eigene Erfahrungen, Szenarien)

Die folgende Fallstudie wendet anhand konkreter Beispiele die ausgeführten Aussagen bezüglich TCO konsequent an. Ziel dieser Fallstudie ist die Ermittlung der Gesamtkosten über einen Zeitraum von 3 Jahren unter Berücksichtigung direkter und indirekter Kosten. Im ersten Fall wird eine TCO-Analyse für eine Fileserver-Migration von Windows auf Linux durchgeführt.

Anschließend erfolgt eine TCO Betrachtung für eine mögliche Umstellung im Client-Bereich für ein Office-Paket.

Die Angaben basieren auf Erfahrungen aus realen Projekten in einem KMU mit 100 PC-Arbeitsplätzen.

Die bestehende Heterogenität der IT-Landschaft führt dazu, dass unterschiedliche Möglichkeiten zur Migration bestehen und beschrieben werden müssen. Es kann zwischen ablösender und den fortführender Migration unterschieden werden. Dementsprechend handelt es sich bei einer ablösenden Migration um die Ablösung einer bestehenden Produktlinie oder eines Produktes durch eine andere Produktlinie oder ein anderes Produkt. Dies kann zum Beispiel die Ablösung von "StarOffice 7" durch "MS Office 2007" oder "MS Office XP" durch "OpenOffice.org 2.3" oder auch die Ablösung der Groupware "Scalix" durch "Kolab" sein.

In der Fallstudie werden jeweils zwei Alternativen gegenübergestellt.

Alternative 1: "Fortführende Migration": Fortführung einer proprietären Lösung

Alternative 2: "Ablösende Migration": Ablösung einer proprietären Lösung durch eine OSS Lösung

5.7.1 Rahmenbedingungen

Es handelt sich um ein mittelgroßes Dienstleistungsunternehmen (Wissenschaft/Forschung) mit 100 PC-Arbeitsplatzsystemen. Die Benutzer können in folgende Kategorien eingeteilt werden:

60 Wissenschaftliche Mitarbeiter

15 Verwaltungsmitarbeiter

25 Hilfskräfte

Alle Mitarbeiter haben mindestens PC-Grundkenntnisse. Bei den wissenschaftlichen Mitarbeitern sind auch UNIX-Grundkenntnisse vorhanden. Ansonsten dominiert Anwenderwissen bei Windows-Betriebssystemen und MS-Office-Produkten.

In der IT sind 2 Vollzeit-Mitarbeiter beschäftigt, die über ein breites Fachwissen verfügen. Trotzdem existieren bestimmte Know-How-Schwerpunkte. Ein Mitarbeiter ist spezialisiert auf Windows-Systeme (Client- und Server), der andere Mitarbeiter ist spezialisiert auf das Unix-Betriebssystem Sun Solaris.

Der Fileserver muss erneuert werden. Bisher ist es ein Windows-Server. Eine TCO-Vergleichsrechnung soll zeigen, ob es günstiger ist, den Fileserver zukünftig als Linux-Server zu betreiben oder ob eine aktuellere Windows-Server Version eingesetzt werden soll.

Bisher wurden die Arbeitsplatzsysteme überwiegend mit proprietärer Software ausgestattet. Das bestehende Standard-Betriebssystem ist Windows 2000 Professional. Als Office-Paket wird MS Office 2002 eingesetzt. Der Internet-Explorer sowie das Mail-Client-Programm Outlook 2002 sind in den eingesetzten Programmen integriert.

Die fortführende Migration würde den Einsatz von WinXP Professional mit MS Office 2003 beinhalten. Internet-Explorer und MS Outlook sind weiterhin integraler Bestandteil. Die Alternative der ablösenden Migration sieht den Einsatz von Linux Red Hat Enterprise Desktop als Desktop-Betriebssystem sowie Open Office vor. Als Internet Browser müssten zusätzlich Firefox und ein Mail-Client wie z.B. Thunderbird installiert werden.

Die bestehenden Systeme sind wie folgt ausgestattet:

Clients (PC): Windows 2000 Professional, MS-Office XP

Server: Windows Server 2000

Verglichen wird jeweils eine fortführende Migration mit einer ablösenden Migration.

Fortführende Migration	Ablösende Migration
1. Migration des Fileservers von Windows Server 2000 auf Windows Server 2008 2. Migration der PC-Arbeitsplätze auf Windows XP und MS Office 2007	1. Migration des Fileservers von Windows 2000 auf Red Hat Enterprise Linux Server 2. Migration der PC-Arbeitsplätze auf Red Hat Enterprise Linux 5 Desktop und Open Office

Tabelle 7: Fortführende und ablösende Migration

(Quelle: Eigene Darstellung)

Ermittlung der Personalkostensätze

Für jede Benutzergruppe wurde ein Durchschnitstundensatz auf Vollkostenbasis ermittelt.

Berechnung des Kostensatzes pro Arbeitsstunde eines Arbeitnehmers am Beispiel eines IT-Vollzeitmitarbeiters:

Berechnung der Jahrespersonalkostensumme:

Jahres-Bruttoarbeitslohn einschl. Arbeitgeberanteil zur Sozialversicherung	60. 000 €
+ Sonderzahlung(en)	2.000 €
+ evtl. geldwerte Vorteile	1.200 €
= Jahrespersonalkostensumme	63.200 €

Berechnung der Jahresarbeitszeit:

Tarifvertragliche Regelarbeitszeit pro Woche/Tag:	40/8
Jahresarbeitstage (ohne Wochenenden, Feiertage):	253
Anzahl der Urlaubstage:	30
durchschnittliche Anzahl Fortbildungstage:	5
Kranken- bzw. Fehltage:	11
durchschnittliche Arbeitstage/Jahr:	207
durchschnittliche Arbeitsstunden/Jahr:	1656

Daraus ergibt sich ein Kostensatz pro Arbeitsstunde von:

63.200 €/1656 Arbeitsstunden = 38,16 €/Stunde

Für spätere Berechnungen werden folgende durchschnittliche interne Personalkostensätze verwendet:

Wissenschaftliche Mitarbeiter: 35 €

Verwaltungsmitarbeiter: 38 €

Hilfskräfte: 12 €

5.7.2. TCO-Analyse Fileserver

Beschaffung

Hardware: Der Fileserver wird neu beschafft. Es wird vorausgesetzt, dass sich die Anforderungen der proprietären und der Open Source Software an die Hardware nicht bedeutsam unterscheiden.

Ausgewählt wurde ein High-Performance-Modell von HP (ProLiant DL580).

Die Anschaffungskosten betragen 11.500 Euro, netto. Zusätzlich wird für 1.500 Euro eine Garantieerweiterung für dieses Gerät erworben, die einen 5 Jahres-vor-Ort Service durch einen Techniker umfasst, der binnen eines Arbeitstages Hardwareausfälle beseitigt. Die betriebsgewöhnliche Nutzungsdauer beträgt 5 Jahre.

Software: Der Windows Server 2008 Small Business Enterprise plus Datenträger kostet 1.800 Euro. Hierin sind bereits 25 Zugriffslizenzen (CAL[90]) enthalten Hinzukommen die restlichen 75 Zugriffslizenzen für Windows (1.300 Euro) sowie die optionale Software Assurance (Updaterecht) in Höhe von 1.100 Euro für 2 Jahre. Die Lizenzkosten werden auf eine betriebsgewöhnliche Nutzungsdauer von 5 Jahren verteilt. [91]

Für das Red Hat Linux Enterprise System fallen mindestens 237 Euro netto pro Jahr für den Distributor an, wenn man das Paket ohne Support nimmt und 543 Euro netto p.a. falls man auch den Standard Support haben möchte. Mit Premium-Support kostet das Paket 883 Euro netto p.a.[92]

---

90 CAL = Client Access License

91 Diese Konditionen sind zu "Forschung und Lehre"-Bedingungen.

92 Es besteht auch die Möglichkeit, sich Linux kostenfrei aus dem Internet per download zu beschaffen. Allerdings müsste dieser Arbeitsaufwand in den indi-

In der höchsten Preiskategorie bietet RHEL 5 Advanced Server mit Premium-Support "Service auf höchstem Niveau" (wird nicht weiter spezifiziert). Die Advanced Plattform für eine unbegrenzte Zahl an CPUs und virtuellen Systemen auf einem einzelnen physikalischen Server. Zusätzlich bietet die Advanced Plattform Unterstützung für Hochverfügbarkeit mittels Clustering und GFS2, das verteilte virtuelle Dateisystem von Red Hat Linux. Dieses Paket kostet 1.699 Euro netto p.a.[93] Eingesetzt wird das Paket mit Premium-Support für 883 Euro netto pro Jahre.

Overhead (Lizenzmanagement, Inventory, Einkaufsabwicklung): Der interne Aufwand für den Einkauf ist bei dem proprietären System höher, da mehr Informationen eingeholt werden müssen. So ist z.B. zu klären, welche Programmversion die passende und welches Lizenzmodell am vorteilhaftesten ist. Die Frage der Wartungskosten muss geklärt und die Anzahl der Client Access Lizenzen muss ermittelt und berücksichtigt werden. Für den reinen Beschaffungsvorgang werden 30 Minuten eingesetzt. Da beide Produkte eingekauft werden müssen, fällt dieser Aufwand sowohl bei der fortführenden wie auch bei der ablösenden Migration an. Die Lizenzen des proprietären Systems müssen dokumentiert und verwaltet werden. Der zusätzliche Zeitaufwand beträgt 1 Stunde. Bei einem Vollkostensatz von 38 Euro pro Stunde fallen bei der proprietären Software 38 Euro mehr Overheadkosten an.

Einführung

Migrationsplanung: Die Migrationsplanung ist bei einem Wechsel auf ein Linux-System aufwendiger. Es muss berücksichtigt werden, dass ein direkter Zugriff eines Windows-Arbeitsplatzsystems auf den Linux-Fileserver nicht ohne Middleware funktioniert. Als Middleware kommt z.B. das Programmsystem "Samba" in Betracht. Samba ist ebenfalls ein Open-Source-Produkt.

Es ist komplex und muss konfiguriert werden. Der Planungsaufwand hängt wesentlich davon ab, wie die Know-How-Situation im Unternehmen ist. In dieser Fallstudie ist rudimentäres Know-How über Linux und Samba bereits verfügbar. Die Migrationsplanung dauert trotzdem mindestens doppelt so lange, wie bei der Windows-Migration. Es wird ein Gesamtaufwand von 8 Stunden bei der ablösenden und 4 Stunden bei der fortführenden Migration ermittelt.

---

rekten Kosten berücksichtigt werden. Es wird vorausgesetzt, dass der Bezug vom Distributor die kostengünstigere Alternative darstellt.

93 http://shop.redhat.de/server/ [Stand 08.07.2008]

Softwareverteilung/-installation: Ein Software-Deployment-System ist nur für Clientarbeitsplätze vorhanden. Der neue Server muss manuell installiert werden. Die Installation, Konfiguration sowie die Durchführung der Tests dauert bei dem Windowssystem 4 Stunden, bei dem Linux-System 8 Stunden (incl. Samba).

Schulung für IT-Mitarbeiter: Der Schulungsaufwand ist für das Linux-System höher, da der bisherige Fileserver als Windows-Fileserver betrieben wurde und das vorhandene Know-How für Linux und Samba nur rudimentär vorhanden ist.

Im Bereich IT fallen 8 Stunden für Schulung (Selbststudium) für Linux und Samba an. Der Einarbeitungsaufwand für das neue Windows Server 2008-System und für das Red Hat-Enterprise Linux-System ist ungefähr gleich hoch und braucht deshalb nicht berücksichtigt zu werden.

Schulung der Anwender entfällt. Der Zugriff auf den Linux-Fileserver verläuft für den Anwender transparent.

Indirekte Kosten: Die indirekten Kosten dürfen nicht vernachlässigt werden, obwohl sie sehr schwer exakt zu ermitteln sind.

Durch Auswertung der Supportdatenbank und Schätzung der IT-Spezialisten ergeben sich jedoch Näherungswerte, die in die TCO-Analyse mit einfließen. Auf der Endbenutzerseite tendieren Produktivitätsverluste durch die Migration auf Linux gegen Null, da der Zugriff transparent verläuft.

Auf der IT-Administrationsseite hingegen entsteht ein durch den Einsatz von Samba und die Abstimmung der Benutzerrechte ein leicht erhöhter Aufwand, der mit ca. 20 Stunden über 5 Jahre angesetzt wird.

Die Umstellung verursacht keine oder nur sehr geringfügige Störungen im Arbeitsablauf der Anwender. Die Berücksichtigung von indirekten Kosten durch Produktivitätsverluste beim Benutzer kann bei beiden Varianten der Servermigration vernachlässigt werden.

Betrieb

Wartung: Leicht erhöhter Benutzersupport während der Betriebsphase verursacht durch Besonderheiten des Sambaprogramms, die insbesondere die Benutzerrechte betrafen.

	Windows2003 (Angaben in Euro)	**Linux Red Hat mit Premiersupport (Angaben in Euro)**
Direkte Kosten		
Beschaffung		
Hardware	13.000	13.000
	Windows2003 (Angaben in Euro)	**Linux Red Hat mit Premiersupport (Angaben in Euro)**
Software	5.850	4.415[94](1185)[95]
Overhead	105	35
Einführung		
Migrationsplanung	152	304
Softwareverteilung/-installation	152	304
Schulung IT-Personal	0	304
Schulung Anwender	0	0
Externe Beratung	0	0
Datenübernahme	0	
Softwareanpassung	0	0
Betrieb[96]		
Administration Weiterentwicklung Externer Support		
Indirekte Kosten		
Ausfallzeiten End-User	0	0
Mehraufwand IT	0	760
	19.259,00 €	19.122,00 € (15.892,00 €)

Tabelle 8: Ermittlung der Gesamtkosten einer Server-Migration

(Quelle: Eigene Berechnungen)

[94] Pro Jahr 883 Euro bei Premium Support.

[95] Pro Jahr 237 Euro ohne Support

[96] System Management (Backup, Virenschutz, Desaster Recovery, Überwachung, Update) fällt für beide Systemalternativen aufwandsgleich an und bleibt deshalb unberücksichtigt.

Zwischenfazit

Aus der Fallstudie ergibt sich, dass bei einer Umstellung des Fileservers von Windows auf Linux die TCO von 19.259 Euro auf 19.122 Euro sinken (siehe Tabelle 8). Die eingesparten Lizenzkosten werden zum Großteil durch den gebuchten Red Hat Premium-Support-Vertrag aufgezehrt. Das Betriebssystem Linux ist ohne Support-Vertrag günstiger (1.185 Euro anstatt 4.415 Euro) als Paket zu erwerben und im Download gänzlich kostenfrei erhältlich.

Je nachdem welche Software-Bezugsalternative gewählt wird, fällt der ermittelte TCO-Vorteil der OSS-Lösung entsprechend größer aus.

Als Entscheidungsempfehlung an das Management wird die ablösende Fileserver-Migration auf Linux favorisiert.

Qualitativ-strategische Gründe, die zu einer zwingend anderen Entscheidungsempfehlung führen, liegen nicht vor.

5.7.3. TCO-Analyse Arbeitsplatzsystem

Kostenmäßig wird nur das Betriebssystem und Open Office für 100 PC-Arbeitsplätze betrachtet.

Dabei sei angemerkt, dass regelmäßig deutlich mehr Software auf den Arbeitsplatzsystemen installiert ist. Zu nennen ist hier z.B. Adobe Acrobat, Grafiksoftware, spezielle Hilfsprogramme, Entwicklungswerkzeuge, ein Buchhaltungssystem usw.

Die vorhandenen Arbeitsplatzsysteme sind mit Windows 2000 Professional, MS-Office 2002, Outlook 2002 und dem Internet Explorer ausgerüstet.

Die OSS Alternative sieht vor: Linux-Betriebssystem, Open Office, Thunderbird Mailclient und Firefox als Web-Browser.

Beschaffung

Hardware: Die vorhandene Hardware wird weitergenutzt. Es handelt sich dabei um PCs mit aktuellem Prozessortyp, z.B. Intel Core 2 Duo Prozessor E6300, 1 GB RAM und 100 GB Festplatte.

Kosten für die Beschaffung neuer oder zusätzlicher Hardware entstehen weder bei der fortführenden Migration noch durch einen Umstieg auf OSS.

Die betriebsgewöhnliche Nutzungsdauer eines PC beträgt 3 Jahre. Die tatsächliche Nutzungsdauer ist länger und beträgt 4 – 5 Jahre. Dass die Nutzungsdauer beim Einsatz von OSS signifikant länger ist, als beim

Einsatz von Windows wurde im Rahmen dieser Fallstudie nicht berücksichtigt.

Software: Das Betriebssystem ist als OEM-Version beim Kauf der Hardware bereits installiert. Die Anschaffungskosten der Hardware beinhalten deshalb auch bereits das Betriebssystem. Da bei einer OSS-Installation zukünftig auf das vorinstallierte Betriebssystem verzichtet werden kann, werden im Rahmen dieser Fallstudie die Kosten für eine separate Windows-XP-Lizenz angesetzt. Diese betragen 100 Euro (Sonderkonditionen für F&L) pro PC.

Office 2003 Professional incl. Software Assurance kostet 200 Euro (Sonderkonditionen für F&L). Outlook 2003 ist integrierter Bestandteil des Office-Pakets und der Internet Explorer ist integrierter Bestandteil des Betriebssystems Win XP.

Für den OSS-PC entstehen keine Lizenzkosten. Lediglich für ein Linux-Paket des Distributors fallen einmalig 51 Euro netto an. Das Open Office Paket wird per Download aus dem Internet geladen.

Overhead: Der Einkauf der Microsoftlizenzen verursacht einen nennenswerten Verwaltungsaufwand. Allein die Auswahl des richtigen Lizenzprogramms und das Einholen verschiedener Angebote ist zeitaufwändig.

Die gekauften Lizenzen müssen dokumentiert und gewartet werden.

Die Software Assurance läuft nach 1 oder 2 Jahren aus und es ist zu entscheiden, ob diese verlängert wird oder nicht. Außerdem muss ein ständiger Abgleich erfolgen, ob noch genügend Lizenzen im Unternehmen vorhanden sind.

Änderungen ergeben sich z.B. durch das Ausmustern oder den Einkauf von zusätzlicher Hardware. Pro Arbeitsplatz entsteht somit ein Verwaltungsaufwand der mit 30 Minuten pro Jahr und Arbeitsplatzsystem veranschlagt wird. Über die betriebsgewöhnliche Nutzungsdauer von 3 Jahren entsteht ein Aufwand von 1,5 Stunden pro Arbeitsplatzsystem. Beim OSS fallen diese Overhead-Kosten nicht an.

Einführung

Migration: Die Migration eines OSS-Arbeitsplatzes in die bestehende Netzwerkinfrastruktur verursacht einen hohen IT-Personalaufwand. Hervorzuheben sind insbesondere Drucker(treiber)probleme und die Integration in das Active Directory.

Unter Linux sind längst nicht alle Druckertreiber verfügbar und die Unterstützung der verfügbaren Druckertreiber ist nicht mit der Qualität bei Windowstreibern zu vergleichen. Oft sind spezielle Funktionen, die unter Windows zur Verfügung standen, nicht mehr nutzbar.

Ebenfalls aufwändig gestaltet sich die Integration eines Linux-APS in die Active Directory Umgebung. Die Funktion der Roaming Profiles kann erstmal so nicht genutzt werden.

Auf einigen Arbeitsplätzen muss gewährleistet werden, dass bestimmte nur unter Windows verfügbare Anwendungen weiter funktionierten (Buchhaltungssoftware, Grafiksoftware). Technisch werden entweder Terminalserver- oder virtuelle Arbeitsumgebungen (VM-Ware oder ähnliches) eingesetzt.

Insgesamt fällt ein Migrationsaufwand von 80 Stunden an. Hier sei anzumerken, dass dieser Aufwand nicht einfach mit der Anzahl der umzustellenden Linux-Arbeitsplätze multipliziert werden darf, da sich einmal gewonnene Erfahrungen nutzbringend für die Umstellung weiterer Arbeitsplätze einsetzen lassen.

Schulung: Eine Schulung ist bei den Windows-Systemen nicht oder nur in geringem Umfang notwendig. Die Anwender selbst stehen solchen Schulungen inzwischen kritisch gegenüber, da es aufgrund jahrelanger Erfahrung meist möglich ist, sich auch ohne Schulung rasch in dem neuen Systemen zu Recht zu finden.

Falls eine Schulung vom Anwender für notwendig erachtet wird, gibt es eine Vielzahl von lokal ansässigen Firmen, die preisgünstig Schulungen anbieten. In der Fallstudie findet keine Windows- oder Office-Schulung statt und die Anwender haben keinerlei Probleme sich mit der neuen Office-Version oder Windows-XP Version zu Recht zu finden.

Hingegen bestehen alle Anwender bei der Umstellung auf den Linux-PC auf umfangreiche Schulungsmaßnahmen. Hier werden als Minimum 1 Tag Grundlagen Linux und eine 2-tägige Schulung für Open Office eingefordert: Der Preis pro Schulungstag beträgt 300 Euro.[97]

Alle 15 Vollzeitmitarbeiter der Verwaltung und alle wissenschaftlichen Mitarbeiter werden für eine externe Schulung eingeplant. Somit müs-

---

97 Vgl. z.B. das Angebot der Firma GFU, Köln. Es ist auch möglich, preiswertere In-House-Schulungen durchzuführen. Würde man z.B. alle 75 Vollzeitmitarbeiter in Gruppen zu 15 Personen intern schulen lassen, so würden 15 Beratertage für den externen Dozenten anfallen. Bei einem Kostensatz von 1.000 Euro pro Tag käme man somit auf 15.000 Euro Schulungskosten.

sen 75 Mitarbeiter für 3 Tage geschult werden. Die studentischen Hilfskräfte werden intern durch Mitarbeiter der IT in Kompaktseminaren eingewiesen.

Hinzu kommen die indirekten Kosten durch den Arbeitsausfall. Es ist auch anzumerken, dass das Angebot an Schulungen für Open Office deutlich geringer ist, als das Angebot für MS Office. Unter Umständen fallen dadurch höhere Reisekosten an. Dies wird aber im Rahmen dieser Fallstudie nicht berücksichtigt.

Das IT-Personal muss ebenfalls intensiv geschult werden.

Als Minimum sind 5 Tage pro Person anzusetzen. Bei 2 Vollzeitkräften fallen bei einem Tagessatz von 480 Euro externe Schulungskosten in Höhe von 4.800 Euro an. Es entstehen zusätzlich 3.040 Euro indirekte Kosten[98] durch den Produktivitätsausfall.

In den ersten Tagen und Wochen kam es zu deutlichen Produktivitätsverlusten bei den Anwendern. Insgesamt schätzen die Anwender des Verwaltungsbereichs, dass 50 % ihrer Produktivität durch die Systemumstellung in den ersten 4 Wochen verloren ging.

Die wissenschaftlichen Mitarbeiter schätzen den Produktivitätsausfall in den ersten 4 Wochen auf ca. 20 % und die studentischen Hilfskräfte auf 10 % ihrer Arbeitszeit.

13 Mitarbeiter[99] * 80 Stunden * 38 Euro = 39.520 Euro

60 Wissenschaftler * 32 Stunden * 35 Euro=67.200 Euro

25 Hiwis[100] * 6 Stunden * 16 Euro = 2.400 Euro

Insgesamt summieren sich die indirekten Kosten durch Produktivitätsverluste in den ersten 4 Wochen auf: 109.120 Euro.

Obwohl die Benutzeroberflächen der unterschiedlichen Software starke Ähnlichkeiten aufweisen, finden sich die Anwender sehr schlecht in den Open Office Produkten zurecht. Es kommt zu Akzeptanzproblemen und Widerständen und mehrmals wurde die Rückkehr zum Windows-System gefordert.

Einige vertraute Funktionen, die im MS Office zur Verfügung standen, sind im Open Office nicht verfügbar.

---

98 2 Vollzeitmitarbeiter * 40 Stunden * 38 Euro

99 15 Verwaltungsmitarbeiter abzüglich 2 Mitarbeiter in der IT

100 Die wöchtenliche Arbeitszeit der HiWis liegt bei ca. 15 Stunden.

IT-Personal: Das IT-Personal war durch den hohen Unterstützungsbedarf durch unzufriedene Benutzer sehr belastet. Während der ersten 4 Wochen wurden 30 Stunden für zusätzlichen Support erfasst. Nach Abschluss von 4 Wochen wird von einem normalisierten Supportaufkommen ausgegangen.

Externe Beratung: Externer Support, z.B. durch Online oder Telefon-Hotlines oder vor-Ort-Support wird nicht beansprucht. Allerdings wurde im Rahmen der Fallstudie diese Option aufgrund der hohen Arbeitsbelastung der internen Mitarbeiter in Erwägung gezogen. Letztlich wurde aber keine externe Beratung in Anspruch genommen, u.a. auch deswegen, weil Angebote an externen Beratern für die Open Office Programme schlicht nicht verfügbar waren.

Datenübernahme: Die Datenübernahme war bei der Umstellung des Windows-Systems vollkommen unproblematisch. Auch komplexe Dokumente wurden fehlerfrei im neuen Dateiformat übernommen.

Bei der Umstellung auf Open Source würde ein zusätzlicher Aufwand von 24 Stunden in der IT und zusätzlich 2 Stunden pro Vollzeitmitarbeiter (also ohne Hilfskräfte) entstehen. Ursache dieses erhöhten Arbeitsaufkommens sind Inkompabilitäten beim Dokumentenimport in das Open Office-Paket. Einfache Dokumente wurden i.d.R. fehlerfrei importiert. Komplexe Dokumente, die Fußnoten, Referenzen, Tabellen und Abbildungen enthalten, müssen komplett überarbeitet werden.

Ein zuverlässiger Austausch der Dokumente zwischen OSS und Windows Arbeitsplätzen wurde dadurch erschwert oder gänzlich unmöglich gemacht. In Arbeitsbereichen und Organisationen, die häufig Dokumente zur Weiterverarbeitung austauschen, könnte dies ein KO-Kriterium für OSS darstellen.

Software-Anpassung: Anpassung von Formatvorlagen und Neuentwicklung von Makros und Visual Basic Programmen verursachen einen Planaufwand von 60 Stunden bei den Verwaltungsmitarbeitern und 10 Stunden bei den Wissenschaftlern.

	Windows XP Professional und MS Office 2003	Red Hat Enterprise Linux 5 Desktop und Open Office (kostenloser Download)
Direkte Kosten		
Beschaffung		
Hardware (hier nur Kosten des Betriebssystems)	10.000	51
Software	20.000	0
Overhead	5.700	0
Einführung		
Migrationsplanung	70	3040
Softwareverteilung	280	560
Schulung IT-Personal	0	4.800
Schulung Anwender	0	67500
Externe Beratung	0	0
Datenübernahme	0	6100
Softwareanpassung	0	2630
Betrieb[101]		
Administration		
Weiterentwicklung		
Externer Support		
Indirekte Kosten		
Ausfallzeiten/ Produktivitätsverluste End-User	0	66.480
Mehraufwand/ Produktivitätsverluste IT	0	3.344
	36.050	151.161

Tabelle 9: Ermittlung der Gesamtkosten einer Client-Migration

(Quelle: Eigene Berechnungen)

[101] Für beide Alternativen entsteht vergleichbar hoher Aufwand.

Die Migration auf Linux und Open Office im Client-Bereich verursacht Kosten in Höhe von 151.161 Euro. Das ist mehr als viermal so viel, als wenn man bei der Windows-Alternative bleibt.

Die Fallstudie spiegelt nur ein Szenario wider. Es muss aber darauf hingewiesen werden, dass die Schätzungen keinesfalls unrealistisch hoch, sondern eher optimistisch sind.

Es wird deutlich, dass die indirekten Kosten einen erheblichen Anteil der Gesamtkosten ausmachen (46 %). In der Literatur werden noch höhere indirekte Kostenanteile genannt. (siehe Abschnitt 3.3.4).

Berücksichtigung qualitativ-strategischer Aspekte:

Ein wichtiger Punkt ist, dass ein Großteil der direkten und indirekten Kosten einmalige Umstellungskosten sind. Der laufende Betrieb der OSS verursacht nach der Migration keine signifikant höheren Betriebskosten.

Allerdings würden die Betriebskosten durch die Einführung von OSS auch nicht sinken. Vergrößert man den Zeithorizont und stellt eine Kostenvergleichsrechnung über 10 Jahre auf, so würden sich das Ergebnis zugunsten der OSS verschieben, da beim nächsten Update-Zyklus der kommerziellen Software wieder Lizenzkosten anfallen.

Das Ergebnis der TCO-Analyse wird es den Entscheidungsträgern schwer machen, sich für eine Migration auf OSS zu entscheiden. Für KMU ist es aufgrund der hohen Migrationskosten oft nicht verkraftbar, eine so teure Migration durchzuführen.

5.7.4. Zwischenfazit der Fallstudie

Kostenvergleichsrechnungen müssen differenziert durchgeführt werden. Die TCO für eine Linux-Migration unterscheiden sich von den TCO für eine Open Office Migration in der Höhe gravierend.

Da die TCO für jede Softwareart stark differieren, sollte jeweils eine getrennte Untersuchung und Gegenüberstellung pro Softwareart erfolgen.

So ist es sinnvoll, die TCO eines proprietären Softwarepakets wie MS Office mit den TCO von Open Office zu vergleichen. Nicht sinnvoll wäre beispielsweise ein TCO Vergleich von Linux als Fileserverbetriebssystem mit den TCO einer Office-Software-Migration.

Innerhalb einer Software-Gattung liefert der TCO-Vergleich entscheidungsunterstützende Empfehlungen.

Tendenziell kann man feststellen, dass es im Backend-Bereich vorteilhaft ist, auf OSS zu migrieren. Im Bereich der Desktop-Systeme ist mit sehr hohen indirekten Kosten und mangelnder Benutzerakzeptanz zu rechnen. Einen großen Kostenfaktor bilden die Schulungs- und Ausbildungskosten.

Lizenzkosteneinsparungen werden so schnell kompensiert. Langfristig kann sich auch im Desktop-Bereich eine Umstellung auf OSS lohnen, da die meisten Migrationskosten nur einmalig anfallen.

Fällt die Entscheidung zugunsten der fortführenden Migration (Windows, MS-Office) so fallen nach einigen Jahren erneut Ausgaben für Lizenzkosten an.

5.8 Vorteile von Open Source Software für KMU

Die Entscheidung für oder gegen OSS darf nicht nur auf rein ökonomische Aspekte reduziert werden.

Auch andere Faktoren spielen eine wichtige Rolle. Sehr häufig werden an dieser Stelle "Herstellerunabhängigkeit" und "Besserer Zugang zu offenen Standards", "Erhöhung der Flexibilität" und "Sicherheit" genannt. (vgl. Abbildung 12).

Für 50 % der befragten Einrichtungen war die größere Unabhängigkeit von dominanten Software-Herstellern wichtig. Nicht jeder Releasewechsel des Herstellers oder auslaufende Supportverträge sollen dazu führen, Komponenten auszutauschen oder vorhandene Software auf eine neuere Version bringen zu müssen.

Durch den Einsatz von OSS können KMU unabhängiger von Produkten der Software-Marktführer wie z.B. Microsoft, SAP, Oracle oder Adobe werden.

Die Sicherheit von OSS ist im Gegensatz zu proprietärer Software prinzipiell durch die Offenheit des Quellcodes von jedem überprüfbar, der die notwendige Fachexpertise aufweist.

Flexibilität – im Sinne eines flexiblen Einsatzes der Software - kann dadurch erhöht werden, da das KMU die Software an spezifische Unternehmensanforderungen individuell anpassen kann.

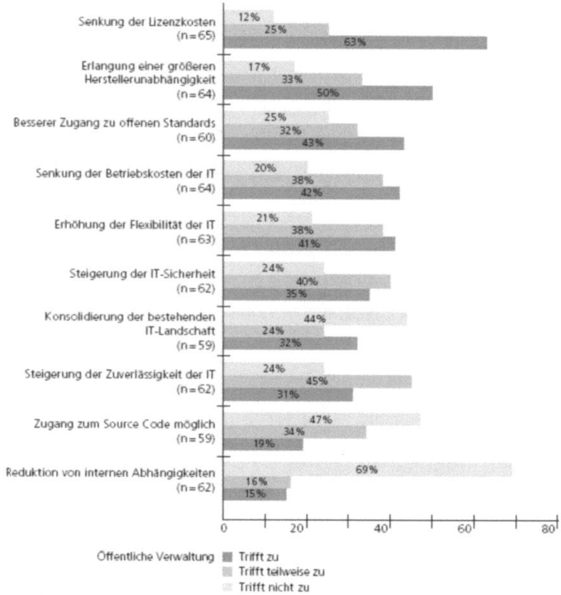

Abbildung 12: Motive für die Umstellung auf Open Source Software

(Quelle: Spath, Günther 2006)

Einen besseren Zugang zu offenen Standards wünschen 43 % der Befragten. Letztlich kann dieses Motiv unter Herstellerunabhängigkeit subsumiert werden.

Im Dezember 2006 wurde das Open Document Format als ISO-Standard für Office Dokumente festgelegt. Inzwischen versuchen auch die Hersteller kommerzieller Produkte ihr hauseigenes Dateiformat als "offenen Standard" zu etablieren.[102]

5.9 Nachteile von Open Source Software für KMU

Ein Nachteil von OSS besteht in der mangelnden Benutzerfreundlichkeit der Anwendungen. Open Source Entwickler sind mehrheitlich technisch denkende Ingenieure und haben ein grundlegend anderes Verständnis von einfacher Bedienung und in der Regel kein großes Interesse an einem hohen Grad an Benutzerfreundlichkeit.[103]

---

[102] Vgl. Kleijn 2007

[103] Vgl. Raymond 1999

Dies mag auch der Hauptgrund für die geringe Verbreitung von Linux als PC-Betriebssystem in privaten Haushalten sein. Durch die Entwicklung grafischer Benutzeroberflächen wie KDE[104] oder GNOME[105] konnte bislang kein entscheidender Durchbruch erzielt werden.

Andererseits haben Anbieter kommerzieller Software ihre Produkte bezüglich Benutzerfreundlichkeit permanent verbessert.

Für KMU bedeutet dieser Gesichtspunkt einen erhöhten Investitionsaufwand in die Ausbildung der Mitarbeiter. Außerdem wird es bei der Personalakquisition schwieriger, geeignete Bewerber zu finden, die bereits über OSS-Kenntnisse und Erfahrungen verfügen.

Wie bereits ausgeführt, orientieren sich die meisten OSS-Entwickler an technischen Gesichtspunkten, so dass nicht nur die Benutzerfreundlichkeit weniger gut ausgeprägt ist, sondern auch die Dokumentation.

Informationen sind nur über das Internet zu bekommen und erfordern zeitaufwendige Recherchen.

Open-Source-Betriebssysteme sind schwieriger zu administrieren als Windows-Serverversionen.

Wie eine TechConsult-Studie zeigt, bestätigten 36 % der befragten Unternehmen mit weniger als 500 Mitarbeitern, die Linux einsetzen, dass der hohe Installations- und Administrationsaufwand gegen einen Einsatz von Linux spricht.[106]

Gerade für KMU stellen Service- und Wartungsverträge einen sehr wichtigen Bestandteil zur Sicherstellung der Betriebsbereitschaft dar. Aufgrund der dünnen Personaldecke im IT-Bereich sind KMU auf diese Verträge angewiesen und bei proprietären Softwareprodukten werden Service- und Wartungsverträge auch regelmäßig von den Herstellern angeboten.

Bei OSS gibt es keinen "Hersteller" im engeren Sinne. Support wird in Ausnahmefällen von Unternehmen angeboten, die darauf ihr Geschäftsmodell gründen (siehe Abschnitt 4.5). Selbstverständlich sind diese Dienstleistungen kostenpflichtig. Trotzdem müssten KMU externe Dienstleistungen in Anspruch nehmen, damit ein reibungsloser Betrieb mit OSS gesichert ist. Das Angebot an qualifizierten Dienstleistern im OSS-Bereich kann nicht als üppig bezeichnet werden. Der

---

104 K Desktop Environment

105 GNU Network Object Model Environment

106 TechConsult 2002

Der Vorteil einer Herstellerunabhängigkeit (siehe 5.8) könnte durch eine Abhängigkeit von einem Dienstleister kompensiert werden.

5.10 Sekundäreffekte

5.10.1. Die Sicht des Anbieters: Umsätze durch OSS

"Sun Microsystems übernimmt den schwedischen Anbieter MySQL und dessen freies Datenbank-Management-System für rund 1 Milliarde US-Dollar."[107]

Das mutet merkwürdig an, denn warum ist eine Firma, die ein Produkt hat, welches kostenlos zur Verfügung gestellt wird, so viel Geld wert?

Das Marktforschungsunternehmen IDC zeigt, dass das Geschäftsmodell "Open Source" nicht nur aus dem gewinnbringenden Verkauf von Firmen besteht und nennt für 2006 die Zahl von 1,8 Milliarden Dollar Umsatz, der mit "Standalone Open Source Software" erzielt wurde.[108] Für 2011 sind 5,8 Milliarden Dollar Umsatz mit OSS prognostiziert.[109]

Schaut man sich die Umsätze des Linux-Distributors Red Hat an, so stellt man fest, dass sich der Umsatz von ca. 10 Millionen US Dollar im Jahr 2001 auf über 140 Millionen US Dollar im 1. Quartal des Jahres 2008 gesteigert hat.[110]

Mit Produkten, die kostenlos sind, ist es also dennoch möglich, eine Menge Geld zu verdienen. Wenn es auf der einen Seite erfolgreiche Verkäufer gibt, dann muss es auch zwangsläufig zahlungswillige Käufer geben. Warum sollte jemand für ein kostenlos verfügbares Produkt Geld bezahlen?

Unternehmen, die eine Software unter einer Open-Source-Lizenz veröffentlichen wollen, können von etablierten Geschäftsmustern profitieren.

Die Gründe sind mit den heute gängigen Marketingansätzen erklärbar.[111] Ein OSS-Erzeugnis unterscheidet sich im Grunde nicht von einem anderen Produkt. Dass eine OSS-Lizenz kostenfrei ist, spielt dabei

---

107 Vgl. O.V. 2008

108 Vgl. Berlich 2007, S. 107

109 Vgl. IDC 2007

110 Red Hat-Geschäftsberichte, http://investors.redhat.com/phoenix.zhtml?c=67156&p=irol-reportsannual

111 7-P-Modell im Marketing-Mix. Vgl. z.B. Meffert, Bruhn 2003

keine entscheidende Rolle. Umsätze mit OSS lassen sich gleichwohl generieren.

Eine Strategie ist das Dual Licensing. Die Software ist dabei unter einer viralen OSS Lizenz, z.B. GPL, sowie unter einer kommerziellen Lizenz verfügbar. Bei einer GPL besteht für den Nutzer nun die Gefahr eigene Produkte, die auf der OSS basieren, zu "infizieren". Diese Produkte müssten ebenfalls unter die freie Lizenz gestellt werden. Falls dies von dem Unternehmen oder vom Nutzer nicht gewünscht ist, erwirbt man lieber eine kommerzielle Lizenz und verhindert so den viralen Effekt.

Ein anderer Weg zu Umsätzen führt über die Bereitstellung von kostenpflichtigen Zusatzprodukten oder das Bundling mit Dienstleitungen wie Beratung, Programmierung, Customizing, Support, Schulung.

Fast jeder OSS-Hersteller bietet eben genau diese Leistungen an. Das geschieht nicht zuletzt deshalb, weil es ein einfaches Mittel ist, entgehenden Lizenzgebühren entgegen zu wirken.[112] Die Höhe der Dienstleistungsumsätze hängt eng mit der Menge der Produkte zusammen, die im Markt platziert werden konnten. Da ist es durchaus hilfreich, das Basisprodukt kostenfrei zur Verfügung zu stellen.

Schlussendlich handelt es sich bei der Verbreitung von OSS um nichts anderes, als um die Anwendung des sog. Rockefeller-Prinzip "Verschenke die Lampe, verkaufe das Öl".

5.10.2. Schwächen von Open-Source-Projekten

Anzahl der Entwickler

Erfolgreiche OSS-Projekte wie das Linux-, Apache- oder Mozilla-Projekt weisen eine Vielzahl von Benutzern und Entwicklern auf, die sich aktiv an der Weiterentwicklung des Projekts und der Software beteiligen.

Die Mehrzahl der OSS-Projekte weist jedoch eine sehr geringe Entwicklerzahl auf.[113] Es besteht außerdem eine hohe Abhängigkeit von sogenannten Kernentwicklern, die den größten Anteil der Arbeit erledigen. Bei den Kernentwicklern liegt auch das größte Wissen über die

---

112 Vgl. Berlich, 2007, S. 109

113 Krishnam 2002: Von 100 als ausgereift eingestuften Projekten wurde eine durchschnittliche Entwickleranzahl von nur einem Entwickler ermittelt.

Software. Verlassen diese Personen das Projekt, so kann das erheblich nachteilige Folgen für die gesamte Software bedeuten.[114]

Entwicklerzentrierte Softwareentwicklung

Open Source Software-Entwicklung ist stark entwicklergetrieben und weniger kundenzentriert. Eine direkte Bindung an Kunden und Endanwendern besteht i.d.R. nicht.

Die Freiwilligkeit der Arbeit bewirkt, dass überwiegend Codierbeiträge geleistet werden. Das Erstellen von Dokumentationen wird oft vernachlässigt.[115] Die Benutzeroberflächen sind unübersichtlich und ausschließlich webbasiert. Dies verringert die Benutzerakzeptanz.

Skalierbarkeit versus chaotische Entwicklung

Raymond postuliert in Open Source-Projekten keine Abhängigkeiten von zentralen Projektmanagern, sondern geht von einer sich selbst organisierenden Gemeinschaft von Gleichgesinnten aus[116].

Tatsächlich stehen in erfolgreichen OSS Projekten von der Gemeinschaft akzeptierte Autoritäten hinter der Entwicklung der jeweiligen Software.[117]

Auch bei der Entwicklung von OSS hängt der Erfolg stark an den beteiligten Personen, die auch als Projektmanager agieren. Darüber hinaus argumentiert Connell, dass das Fehlen entsprechender Autoritäten nicht in einem selbst organisierenden Entwicklungsprozess mündet, sondern in chaotischen Zuständen.

Interessenkonflikte und Unvorhersehbarkeit der Weiterentwicklung

Innerhalb eines OSS-Projekts besteht die Gefahr, dass verschiedene Entwickler ständig neue Funktionen erstellen, so dass ein systematisches Testen und Verbessern zur Erstellung einer stabilen Version nicht möglich ist.

Es bedarf eines Release Managers, der den Umfang der implementierten Funktionen einfriert.

Ein anderer Interessenkonflikt besteht dann, wenn die Entwicklergemeinschaft sich nicht über den Entwicklungspfad einig ist. Hier besteht

---

114 Vgl. Gorling 2003
115 Vgl. Rothfuss 2002
116 Vgl. Raymond 1999
117 Vgl. Connell 2000

die Gefahr, dass sich ein Teil der Gemeinschaft abspaltet und die Software in eine andere Richtung weiterentwickelt.

Ein großes Problem besteht in der Unvorhersehbarkeit der Motivation der Entwickler. Die große Mehrzahl der OSS-Projekte bestehen nur aus einem einzigen Entwickler oder einer kleinen Entwicklergruppe. Sollte die Motivation zur Entwicklung dieser Entwickler nachlassen, so würde auch die Weiterentwicklung der Software ins Stocken geraten.

5.10.3. Die Mär des IT-Leiters: Fakten versus Trend

OSS ist zurzeit ein Wachstumsmarkt. In den öffentlichen Verwaltungen wie auch im privatwirtschaftlichen Sektor wird der Einsatz von OSS zunehmend ein dominierendes Thema.

Inzwischen gibt es offizielle Empfehlungen der öffentlichen Hand, auf OSS zu migrieren und Handlungsanleitungen sind ebenfalls verfügbar. Das BSI und das Bundesinnenministerium sprechen sich für den Einsatz und die Migration auf OSS aus.

Wie im Rahmen dieser Untersuchung aufgezeigt wurde, sollte der Einsatz von OSS differenziert und für jedes Einsatzgebiet gesondert beurteilt werden. Entsprechend unterschiedlich fallen die Empfehlungen aus. So kann auf der einen Seite der Einsatz von OSS ausgesprochen vorteilhaft sein, in einem anderen Szenario können die die betriebswirtschaftlichen Fakten eindeutig gegen eine Migration sprechen.

Die Erfahrung lehrt: Nicht immer setzt sich die beste Lösung durch. Microsoft wurde nicht Marktführer für PC-Betriebssysteme und Office-Anwendungen, weil sie das zweifelsfrei beste Produkt anboten haben.[118]

In der IT entwickeln sich häufig sog. De-Facto-Standards[119], um die man als verantwortungsvoller IT-Leiter nicht herumkommt. Auch wenn nachweisbar ist, dass andere Systeme oder Verfahren technisch oder wirtschaftlich vorteilhafter sind, kann die "Macht des De-Facto-Standards" die Entscheidung entsprechend beeinflussen.

Dass lässt sich natürlich immer leicht in der ex-post-Betrachtung feststellen. Zum Zeitpunkt der Entscheidung herrscht meist kein eindeuti-

[118] Nur aufgrund einer Allianz mit IBM konnte Microsoft zum Marktführer für PC-Betriebssysteme werden. Siehe z.B. http://www.winpage.info/PDF/MS-Chronologie.pdf

[119] Beispiele: Videorecorder VHS vs. Betamax. IBM-PC vs. Apple.

ges Bild vor. Das Beispiel des Münchener Linux-Projekts zeigt aber, dass selbst, wenn die Analyse fachmännisch durchgeführt und die betriebswirtschaftlichen Fakten eindeutig sind, die Entscheidung doch zugunsten von OSS und nicht für die proprietäre Lösung ausfiel.

Allein die Angst vor einer zu großen Abhängigkeit von Microsoft war der ausschlaggebende Faktor. Dass mit der Entscheidung für OSS andere Abhängigkeiten aufgebaut werden und dass es überaus fraglich ist, ob innerhalb eines Zeitraums von 10 oder 20 Jahren überhaupt messbare Nutzenpotenziale entstehen und in operative Erfolgsgrößen umgewandelt werden können, fiel nicht in Gewicht.

Es war und ist eine Aufgabe des CIO, neue Technologien zu erkennen und für das Unternehmen nutzbar zu machen.[120]

Bezogen auf das Thema OSS stehen IT-Leiter vor genau diesem Problem. Der Trend zum Einsatz von OSS ist eindeutig. Wer sich diesem Trend verschließt, läuft Gefahr sich wichtigen technologischen Entwicklungen zu verschließen. Diesen möglichen Vorwurf möchte sich niemand aussetzen, der für die technologische Entwicklung in einem Unternehmen verantwortlich zeichnet.

Die Frage, ob der Einsatz dieser Technologie mittelfristig jedoch betriebswirtschaftlich gerechtfertigt ist, tritt dabei u.U. in den Hintergrund.

---

[120] Brenner, Witte 2007, S. 52

6. Fazit und Empfehlungen

OSS ist im Mittelstand noch kein weit verbreiteter und etablierter Standard. Nach einer aktuellen Umfrage setzen lediglich 20 – 28 % der Unternehmen mit weniger als 500 Mitarbeitern OSS ein. Bei den Top-Entscheidungsträgern mittelständischer Unternehmen ist die Frage: "Proprietäre Software oder Open Source Software?" vielfach nicht relevant.

Vielmehr verlagert sich die Entscheidungsfindung in die operative Ebene. Entscheidungen für oder gegen OSS fallen aus unterschiedlichen Gründen, aber nicht unbedingt aufgrund fundierter betriebswirtschaftlicher Analysen. Häufig angeführte Gründe sind qualitativ-strategischer Natur oder beruhen auf rein technischen Motiven.

Interessant ist einerseits, dass bei den Motiven, die für den Einsatz von OSS sprechen, Kosteneinsparung das am häufigsten genannte Motiv darstellt[121], andererseits aber die Entscheidung für OSS nur aufgrund strategisch-qualitativer Argumente erfolgt.

Das Betriebssystems Linux verdrängt in erster Linie das Betriebssystem Unix und nicht das Betriebssystem Windows Server, obwohl die Lizenzkosten für das Windows-Betriebssystem am höchsten sind.

Es ist bemerkenswert, wie verkürzt die Betrachtung von Investitionsentscheidungen gerade im IT-Bereich erfolgt. Entscheidungen im IT-Bereich werden häufig nicht kostenbasiert, sondern auszahlungsbasiert getroffen. Bei der Investitionsentscheidung zählen oft nur die ausgabewirksamen Kosten der laufenden Periode.

Ein Erklärungsansatz ist das Steuerungsinstrument der Budgetierung. Die Einhaltung des aktuellen Budgets hat einen so hohen Stellenwert, dass ungünstige Wirkungen auf die Kostenstruktur der Zukunft in den Hintergrund rücken.

Trotz aller Kritik an dem Konzept der TCO, bietet es durchaus auch für die betriebliche Praxis nützliche Ansätze. Häufig wird nur ein Teil der direkten Kosten (Anschaffungskosten eines Systems) als Entscheidungskriterium für die Einführung herangezogen. Dabei wird ausser Acht gelassen, dass die Folgekosten wie Wartung und Weiterentwicklung und der Einfluss auf die Benutzerproduktivität signifikant höher sind, als die reinen Anschaffungskosten. Indirekte Kosten spielen bei der Entscheidungsfindung heute in der betrieblichen Praxis keine oder

---

[121] Vgl. Cassell 2008, S. 268

nur eine sehr untergeordnete Rolle. Die indirekten Kosten zwischen 45 und 55 % der Gesamtkosten.

Hinzu kommt, dass bislang kein verbindlicher Standard für TCO definiert wurde.

Jede TCO-Analyse sieht deshalb anders aus und es bleibt dem Ersteller überlassen, welche Kosten in die TCO-Analyse eingehen und welche nicht. Verkürzte TCO-Analysen sind deshalb eher die Regel als die Ausnahme. Allein die Tatsache, dass für OSS keine Lizenzgebühren zu zahlen sind, genügt oft schon, um die Entscheidung für OSS zu treffen.

Dies stellt jedoch eine zu verkürzte Entscheidungsgrundlage dar, da es bei den direkten und indirekten Kosten erhebliche Kostentreiber gibt, welche Lizenzkosteneinsparung kompensieren. Der Anteil der Lizenzkosten an den TCO beträgt ca. 7 %. Für den Einsatz von OSS bedeutet dies, bei einer sehr verkürzten Betrachtung, dass sich aufgrund des Entfalls von Lizenzkosten immerhin ein Einsparpotenzial von 7 % der TCO ergeben könnte. Wie bereits angemerkt, ist dieser Wert nur bei sehr verkürzter Betrachtung zu halten.

Ein Einsparpotenzial von 7 % ergibt sich nämlich nur dann, wenn sich alle anderen Kosten nicht verändern. Es wurde gezeigt, dass gerade der Bereich der Personalkosten ungünstig durch den Einsatz von OSS beeinflusst wird. Dies gilt zumindest dann, wenn es sich nicht um ein OSS Produkt handelt, dass völlig unverändert und ohne jede Anpassung im Unternehmen eingesetzt wird.[122]

Regelmäßig kompensieren höhere Schulungs- und Systemmigrationskosten, sowie indirekte Kosten durch Produktivitätsverluste den Einsparvorteil bei den Lizenzkosten.

Der Umgang mit gesamthaften Lebenszyklusmodellen ist kaum verbreitet und findet allenfalls in Form von TCO-Analysen bei der Beurteilung von Arbeitsplatzsystemen, Hardware-Plattformen oder Systemsoftware Einsatz. Das IT-Management konzentriert sich nur auf einzelne Phasen des Systemlebenszyklus.

Die entscheidende Bedeutung der Produktions- und Weiterentwicklungskosten für die Gesamtkosten von IT-Anwendungen und somit für die IT-Kosten generell spiegelt sich innerhalb der in der Praxis einge-

---

[122] Als Beispiel sei der Apache Webserver genannt. Hier entstehen in der Tat keine höheren Personalkosten, als wenn beispielsweise der IIS eingesetzt wird. Allerdings ist der IIS ebenfalls kostenlos und somit entfällt zumidnest für dieses Beipsiel der Kostenvorteil.

setzten IT-Managementinstrumente nicht ausreichend wider. Zu einem ganz ähnlichen Ergebnis kommt auch Zarnekow u.a.[123]

Neben der betriebswirtschaftlichen Analyse wurden auch andere relevante Aspekte aufgezeigt, die bei der Entscheidung für oder gegen OSS, berücksichtigt werden müssen.

Zum einen ist es der Blick auf das exogene Umfeld, in dem die Anbieter von OSS oder OSS-korrelierenden Dienstleistungen auftreten. Es ist notwendig, deren Geschäftsmodelle, die auf Gewinnerzielung ausgerichtet sind, zu kennen.

Mit der Entscheidung für OSS wird kein Unternehmen wirklich unabhängig sondern begibt sich von einer Abhängigkeit in eine andere.

Beim Blick nach innen muss dem Aspekt der Benutzerfreundlichkeit und Akzeptanz von OSS größte Aufmerksamkeit geschenkt werden.

Jede noch so überzeugende betriebswirtschaftliche Analyse kann durch eine spätere Blockade der Anwender zunichte gemacht werden. Aber auch andere Aspekte wie Enduser-Programming, mangelnde Softwareverfügbarkeit, Spezialanwendungen usw. sind bis heute nicht befriedigend gelöst.

IT-Leiter befinden sich regelmäßig in einem Dilemma. Einerseits ist es ihr Auftrag, neue Technologien aufzutun, die nutzbringend im Unternehmen eingesetzt werden können, andererseits sind sie zu konservativem Verhalten genötigt, um die Betriebssicherheit sicherzustellen.

Der in den Fachzeitschriften propagierte Trend hin zu OSS und die Empfehlungen der öffentlichen Hand vermehrt OSS einzusetzen, können sich sich auf die Empfehlungen des IT-Leiters auswirken.

Aus den Ergebnissen können folgende Empfehlungen bezüglich OSS für die Entscheidungsträger formuliert werden.

1. TCO-Analyse möglichst vollständig durchführen

Der Ansatz der TCO führt nur dann zu guten Ergebnissen, wenn die Analyse auch "ehrlich" und möglichst vollständig durchgeführt wird. Die Bewertung von schwer messbaren, indirekten Kosten darf nicht unrealistisch oder etwa gar nicht bewertet werden.

Es wurde gezeigt, dass gerade in diesem Bereich, Defizite bestehen. Aber auch im Bereich der direkten Kosten werden häufig Kostenschätzungen zur Anwendung gebracht, die viel zu niedrig sind.

---

[123] Zarnekow u.a. 2004

Eine Lizenz mag kostenfrei sein, aber für das Unternehmen, welches diese Lizenz einsetzt, ist nicht die Höhe der Lizenzkosten entscheidend, sondern die Gesamtkosten. Die Gesamtkosten können bei OSS nach den TCO höher sein, als beim Einsatz einer proprietären Software.

2. Kostenvergleichsrechnungen differenziert durchführen

Unter betriebswirtschaftlichen Gesichtspunkten lässt sich die Frage, ob OSS die bessere Alternative als proprietäre Software darstellt, nicht einheitlich beantworten.

Für jede Migrationssituation ist eine eigene Analyse anzustreben und nur für dieses spezielle Migrationszenario lässt sich eine Empfehlung aussprechen und stichhaltig begründen.

Da die TCO für jede Softwareart stark differieren, muss eine getrennte Untersuchung und Gegenüberstellung pro Softwareart erfolgen. Es ist nur sinnvoll, die TCO eines proprietären Softwarepakets wie MS Office mit den TCO von Open Office zu vergleichen.

3. Strategisch-qualitative Kriterien müssen auch eine operativ positive Wirkung entfalten

Die Berücksichtigung strategisch-qualitativer Aspekte ist neben einer kostenbasierten Analyse sehr wichtig. Man darf aber nicht vergessen, dass strategische Erfolgspotenziale in einer greifbaren Zukunft auch in operative Erfolgsgrößen umgewandelt werden müssen. Die Sicherstellung der Benutzerakzpetanz hat sehr große Bedeutung. Mangelnde Akzeptanz beim Anwender kann den Erfolg der gesamten Migration gefährden.

4. OSS im Server-Bereich hat eine günstigere Prognose als im Front-End-Bereich

Im Back-End-Bereich sieht das Migrationsszenario freundlicher aus als im Front-End-Bereich. Der Nachteil einer schlechteren Benutzerfreundlichkeit wirkt sich in diesem Umfeld weniger aus.

In Punkto Sicherheit und Zuverlässigkeit stehen auch die heute verfügbaren OSS-Produkte den kommerziellen Produkte in nichts nach.

Linux als Serverbetriebssystem stellt für viele Einsatzszenarien eine seriöse Alternative zum Serverbetriebssystem anderer Anbieter dar.

7. Ausblick

Die Bedeutung von Open Source Software wird für kleine und mittlere Unternehmen zunehmen. Es handelt sich nicht um einen kurzfristigen Trend, der innerhalb der nächsten Jahre wieder aus dem IT-Sektor verschwinden wird.

Die kommerziellen Softwareanbieter geraten unter Druck und stehen vor der Herausforderung das Marktsegment für "Bezahlsoftware" nicht gänzlich an OSS zu verlieren.

Dies gelingt auf Dauer nur, wenn kommerzielle Software qualitativ besser ist oder einen zusätzlichen Nutzen stiftet, für den der Anwender bereit ist, auch entsprechend zu zahlen.

Noch immer fehlen statistisch abgesicherte Erkenntnisse über die tatsächliche Verteilung der Lebenszykluskosten von IT-Anwendungen. Für weiterreichende Aussagen sind umfangreichere Erhebungen und ein Fokus auf spezielle Open-Source-Anwendungssegmente erforderlich.

Um unternehmerische Fehlentscheidungen zu verhindern, müssen lebenszyklusorientierte Kostenmodelle für Open-Source-Anwendungen entwickelt und umgesetzt werden. Der TCO-Ansatz bietet dafür eine gute Basis und sollte so erweitert werden, dass die Besonderheiten von Open Source Software besser berücksichtigt werden. Im Bereich der indirekten Kosten liegen ganz neue Herausforderungen an moderne Kostenrechnungssysteme.

Schlussendlich gilt es, eine IT-Anwendungsbuchhaltung ähnlich einer Anlagenbuchhaltung zu entwickeln. Damit könnten TCO-Analysen für OSS auf eine solide Basis gestellt werden.

Beim Einsatz von Bilanzierungsvorschriften, wie z.B. IAS (International Accounting Standards), die eine bilanzielle Aktivierung von Software erlauben, käme der IT-Anwendungsbuchhaltung eine wichtige Bedeutung zu. Dies gilt aber nicht nur für große börsennotierte Unternehmen sondern ebenso für KMU, denn darüber hinaus würde ein solches Verfahren zu einer deutlichen Steigerung der Kostentransparenz führen.

Literaturverzeichnis

Adlders, R.; Hind, P. (2002):	Management für IT-Leiter. Weinheim: Wiley-VCH
Balzert, H. (1982):	Die Entwicklung von Software-Systemen. Prinzipien, Methoden, Sprachen, Werkzeuge. Mannheim: BI-Wissenschaftsverlag
Balzert, H. (2000):	Lehrbuch der Software-Technik: Software-Entwicklung. 2. Auflage, Heidelberg: Spektrum Akademischer Verlag
Becker, J., Winkelmann, A. (2004):	IV-Controlling. In: Wirtschaftsinformatik 46 Jg., S. 213 - 221
Biethahn J. (2000).:	Ganzheitliches Informationsmanagement. 5. Auflage, München: Oldenbourg Verlag
Binder, S., Henke, M. (2003):	Kassensturz: Open-Source und proprietäre Software im Vergleich. Frankfurt: SOREON Research
Böttger, C.:	Collaboration-Lösungen für KMU. iX 5/2008, S. 99 - 101
Boston Consulting Group (2004):	Portfolio Strategie. Vortrag Universität Regensburg, http://www.wiwi.uni-regensburg.de/dowling/files/sm/WS05-06/SM16-1-06.pdf, Abruf: 24.07.2008
Brenner, W., Witte C. (2007):	Erfolgsrezepte für CIOs. München:Hanser Verlag
Britzelmaier, B. (1999):	Informationscontrolling. Suttgart: Teubner Verlag
Brooks, F.H. (1975):	The mythical Man-Month. Essays on Software Engineering. Reading (Mass.): Addison-Wesley Longman
Brügge B., Harhoff, D., Picot, A., Creighton, O., Fiedler, M., Henkel, J. (2004):	Open-Source-Software: Eine ökonomische und technische Analyse. Berlin, Heidelberg: Springer Verlag
Bundesministerium des Innern (Hrsg.) (2008):	Migrationsleitfaden Version 3. Leitfaden für die Migration von Software. Berlin
Bundesministerium für Wirtschaft und Technologie (Hrsg.) (2007):	Der Mittelstand in der Bundesrepublik Deutschland: Eine volkswirtschaftliche Bestandsaufnahme. Berlin

Cassell, M. (2008): Umstieg auf Open-Source-Lösungen in der Stadtverwaltung: Ein Vergleich der Städte Treuchtlingen, München, Wien und Schwäbisch Hall. In: Luterbeck, B. u.a. (Hrsg): Open Source Jahrbuch 2008 Zwischen freier Software und Geschäftsmodell. Berlin: Lehmanns Media

Computerwoche (2007): Umstrittene Lizenzpolitik beim Microsoft Office Sharepoint Server 2007. http://www.computerwoche.de/589050, Abruf 14.06.2008

Computer-Zeitung (2002): Asset Management. Tools ordnen IT-Ausgaben ihrem Verursacher zu. In: Computer-Zeitung, 33. Jg., Heft 50

Diebold Deutschland GmbH (Hrsg.) (1984): Diebold Kennzahlensystem. 3. Auflage, Frankfurt am Main

Diedrich, O. (2007): Wie Linux im Business ankommt. 06.12.2007, http://www.heise.de/open/artikel/print/100192, Abruf: 01.08.2008

Dirscherl, H.-C. (2007a): Servermarkt. Windows legt zu, Linux verliert, Unix liegt weit zurück. 29.08.2007, http://www.pcwelt.de/92076, Abruf: 30.07.2008

Dirscherl, H.-C. (2007b): Webserver: Apaches Marktanteil sinkt unter 50 Prozent. 14.08.2007, http://www.pcwelt.de/90644, Abruf 15.07.2008

Dinter, H.-J.(1999): Führung mit ROI-Kennzahlen und Shareholder Value. In: Mayer, E., Freidank, C..: Controlling Konzepte. 4. Auflage, S. 255 – 292, Wiesbaden: Gabler Verlag

EU-Kommission (2003): Empfehlung der Kommission von 6. Mai 2003 betreffend der Definition der Kleinstunternehmen sowie der kleinen und mittleren Unternehmen. Amtsblatt der Europäischen Union, Aktenzeichen K(2003) 1422

Feller, Joseph (Hrsg.) (2005): Perspectives on free and open source software. Cambridge, Mass.: MIT Press

Gadatsch, A., Mayer, E. (2006): Masterkurs IT-Controlling. 3. Auflage, Wiesbaden: Vieweg Verlag

Ganten, P. H. (2004): Erfolgsfaktoren bei der Einführung von Linux in Unternehmen. In: Open-Source-Jahrbuch 2004. Gehring, R.A., Lutterbeck, B. (Hrsg.), Berlin: Lehmanns Media

Gartner Research (2003): Desktop TCO Update, 2003. http://i.i.com.com/cnwk.1d/html/itp/Desktop_TCO.pdf, Abruf: 25.06.2008

Gläßer, L. (2004): Open-Source-Software. Projekte, Geschäftsmodelle, Rechtsfragen und Anwendungsszenarien - was IT-Anwender und Entscheider wissen müssen. Erlangen: Publicis Corporate

Gfaller, H. (2006): Gartner: Open-Source (zer)stört das Geschäft mit Software. 15.05.2006, http://www.zdnet.de/itmanager/print_this.htm?pid=39143249-11000006c, Abruf: 28.06.2008

Gorling, S. (2003): A critical Approach to Open Source Software. http://opensource.mit.edu/papers/gorling.pdf, Abruf 15.06.2008

Grassmuck, V. (2004): Freie Software zwischen Privateigentum und Gemeineigentum. Bonn: Bundeszentrale für politische Bildung

Grützner, D. (2005): Jahresabschluss. In: Bilanzbuchhalter-Handbuch. Endriss, W. (Hrsg.), 5. Auflage, Berlin: Verlag Neue Wirtschafts-Briefe

Heinrich, L.J. (2002): Informationsmanagement: Planung, Überwachung und Steuerung der Informationsinfrastruktur. Müchen: Oldenbourg

Heise (2002): Wachsende Empörung über Microsofts neue Lizenzpolitik. http://www.heise.de/newsticker/meldung/28860, Abruf: 15.06.2008

Heise (2008): Umsatz mit Open Source wächst. http://www.heise.de/newsticker/meldung/109399, Abruf 14.06.2008

Hermann, W. (2007): Die Zukunft von Open Source. 29.11.2007, http://www.computerwoche.de/1849336, Abruf: 04.08.2008

Hermann, W. (2008):	LiMux macht Fortschritte. 09.07.2008, http://www.computerwoche.de/1868369, Abruf: 04.08.2008
Holl, F.-L. (Hrsg.) (2006):	Metastudie Open-Source-Software und ihre Bedeutung für innovatives Handeln. Berlin: Eigenverlag
Huff, S.L. (2006):	Information Technology and the Board of Directors: Is there an IT Attention Deficit? In: MIS Quaterly Executive. Vol. 5, No 2, S. 55-68
IDC (2007):	Demonstrating Business Value: Selling to your C-Level Executives. Framingham MA
IfM (2002):	IfM Mittelstandsdefinition. 01.01.2002, http://www.ifm-bonn.org/index.php?id=89, Abruf 22.06.2008
ifrOSS (Hrsg.) (2005):	Die GPL kommentiert und erklärt. Beijing: 2005: O'Reilly
itSMF (Hrsg.) (2005):	IT-Service-Management basierend auf ITIL. Zweewolde (NL): Van Haren Publishing
Berlich, R. (2008):	Freie Marktmacht. Open Source und Business: Ein Widerspruch in sich? In: iX 7/2008, S. 107 - 111
O´Reilly, T. (1999):	Ten Myths about Open Source Software. http://www.oreilly.de/opensource/os_artikel/myths_1199.html, Abruf: 01.04.2008
Iannacci, F. (2005):	Coordination Processes in Open Source Software Development: The Linux Case Study. http://opensource.mit.edu/papers/ianacci3.pdf, Abruf: 25.05.2008
Langenbeck, J. (2005):	Buchführung. In: Bilanzbuchhalter-Handbuch. Endriss, W. (Hrsg.), 5. Auflage, Berlin: Verlag Neue Wirtschafts-Briefe
Lamberti, H.-J. (2002):	Herausforderungen an die IT in einem globalen Finanzdienstleister. Gastvortrag an der Universität St. Gallen
Kleijn, A. (2006):	Open-Source-Lizenzen. 25.07.2006, http://www.heise.de/open/artikel/print/75786, Abruf: 15.06.2008

Kleijn, A. (2007): Brauch die Welt Open XML? 23.02.2007, http://www.heise.de/open/artikel/85736, Abruf: 05.08.2008

KMUpus Magazin (2005): IT-Kosten im Mittelstand höher als bei Großunternehmen. 08.07.2005, http://www.kmuplus-magazin.de/index.php?page=news-show_neu.php3&naechster=8260, Abruf: 12.08.2008

Koglin, O. (2007): Opensourcerecht. Die urheber- und schuldrechtlichen Beziehungen zwischen Lizenzgeber und Lizenznehmer bei Open Source Software am Beispiel der General Public License (GPL). Frankfurt am Main: Peter Lang Verlag

Krcmar, H. (2005): Informationsmanagement. 4. Auflage, Berlin: Springer Verlag

Krishnamurthy, S. (2002): Cage or Community? An Empirical Examination of 100 Mature Open Source Projects. http://www.firstmonday.org/Issues/issue7_6/krishnamurthy/, Abruf: 24.05.2008

Küchler, P (2004).: Teil 1: Technische und Wirtschaftliche Grundlagen. In: IT-Outsourcing. Eine Darstellung aus rechtlicher, technischer, wirtschaftlicher und vertraglicher Sicht. Bräutigam, P. (Hrsg.), Berlin: Erich Schmidt Verlag

Kütz, M. (2003): Kennzahlen in der IT. Werkzeuge für Controlling und Management. Heidelberg: dpunkt.verlag

KfW-Bankengruppe (2008): Ergebnisse des KfW-Mittelstandspanels 2007, http://www.kfw.de/DE_Home/Service/Online_Bibliothek/Research/PDF-Dokumente_WirtschaftsObserver_online/2008/Wob_Juli_2008.pdf, Abruf: 19.5.2008

Matys, E. (2002): Praxishandbuch Produktionsmanagement. Frankfurt am Main: Campus Verlag

Meffert, H., Bruhn, M. (2003): Dienstleistungsmarketing. Wiesbaden: Gabler Verlag

Mellis, W., Herzwurm, G., Stelzer, D. (1996): TQM der Softwareentwicklung. Wiesbaden: Vieweg Verlag

Mrksa, D. (2006): Der Open-Source-Markt in Deutschland. 24.02.2006, http://www.heise.de/open/artikel/print/69769, Abruf 01.08.2008

Müller-Stevens, G., Lechner, C. (2005): Strategisches Management. 3. Auflage, Stuttgart: Schäffer-Poeschel Verlag

Mundhenke, J. (2007): Wettbewerbswirkungen von Open-Source-Software und offenen Standards auf Softwaremärkten. Berlin: Springer Verlag

Nolan, R.L, McFarlan, F.W. (2005): Information Technology and the Board of Directors. In: Harvard Business Review, Vol 83, No 10, S. 96-106

Raymond, E.S. (1999): Open Sources: Voices from the Open Source Revolution – The Revenge of the Hackers. http://oreilly.com/catalog/opensources/book/raymond2.html, Abruf: 05.08.2008

Raymond, E.S. (2001): The Cathedral & the Bazaar: Musings on Linux and Open Source by an Accidental Revolutionary. Sebastopol CA: O´Reilly

Riemann, W. O. (2001): Wirtschaftsinformatik. München: Oldenbourg

Redman, B., Kirwin, B., Berg, T. (1998): TCO: A Critical Tool for Managing IT: http://www.microagebtg.com/Portals/0/GARTNER%20TCO.PDF, Abruf: 18.06.2008

Renner, T, Vetter, M., Rex, S., Kett, H. (2005): Open Source Software, Einsatzpotenziale und Wirtschaftlichkeit. http://www.e-business.iao.fraunhofer.de/docs/fhg_oss-studie.pdf, Abruf: 10.06.2008

Rothfuss, G.J. (2002): A Framework for Open Source Projects. Departement of Information Technology, http://pascal.case.unibz.it/retrieve/3169/rotfuss.pdf , Abruf: 10.07.2008

Schmoke,M., Deitermann, S.(2004): Industrielles Rechnungswesen. 32. Auflage, Darmstadt: Winklers Verlag

Sebald, G. (2008): Offene Wissensökonomie. Analysen zur Wissenssoziologie der Free/Open Source-Softwareentwicklung. Wiesbaden: VS Verlag für Sozialwissenschaften

Source Forge (2008): License Breakdown. 12.08.2008, http://freshmeat.net/stats/#license, Abruf: 12.08.2008

Spiegel, A. (2006): Die Befreiung der Information. GNU, Linux und die Folgen. Berlin: Matthes & Seitz

TechConsult (2004): Linux – Hype oder Realität? – Der Markt in Deutschland 2002 -2004. http://www.techconsult.de/Studien/docs/Linux2002MC-Bericht.pdf, Abruf: 04.08.2008

Treber, U., Teipel, P., Schwickert, A. (2004) : Total Cost of Ownership – Stand und Entwicklungstendenzen 2003. In: Arbeitspapiere Wirtschaftsinformatik, Heft 1/2004, Giessen: Justus Liebig Universität

UNILOG Integrata (2003): Projekt: Clientstudie der Landeshauptstadt München. Kurzfassung des Abschlussberichts inklusive Nachtrag. http://www.muenchen.info/pia/clientstudie_kurz.pdf, Abruf 10.06.2008

Vernon, R. (1966): International Investment and International Trade in the Product Cycle. In: Quarterly Journal of Economics

Wichmann, T. (2005): Linux- und Open-Source-Strategien. Berlin: Springer Verlag

Wöhe, G. (2002): Einführung in die allgemeine Betriebswirtschaftslehre. 21. Auflage, München: Oldenbourg Verlag

Wolf, K., Holm, C. (1998): Total Cost of Ownership: Kennzahl oder Konzept? In: Information Management & Consulting, Heft 2/1998, S. 19 - 23

Wülfing, B. (2007): Studie: Linux spielt bei KMU nur eine Nebenrolle. 23.11.2007, http://linux-magazin.de/layout/set/print/content/view/full/17238, Abruf: 15.06.2008

Zacher, M. (2007): Wie Open Source die IT verändert. 12.11.2007, http://www.computerwoche.de/1847565, Abruf 12.05.2008

Zarnekow, R, Brenner, W., Integriertes Informationsmanagement. Heidel-

Pilgram, U. (2004): berg, Berlin: Springer Verlag

Zarnekow, R., Hochstein, A., Brenner, W.(2005): Service-orientiertes IT-Management: ITIL Best Practices und Fallstudien. Heidelberg, Berlin: Sringer Verlag

Anlagenverzeichnis

Anhang A: Open Source-Kriterien

Eine Software gilt erst als Open Source, wenn ihre Lizenz alle Forderungen der Open-Source-Definition erfüllt: [124]

1. **Freie Weiterverbreitung**

   Die Lizenz darf niemanden in der Weitergabe einschränken. Es dürfen keine Lizenzgebühren oder andere Beiträge erhoben werden.

2. **Quellcode**

   Der Quelltext der Software muss in einer verständlichen Programmiersprache öffentlich zugänglich vorliegen.

3. **Modifizierte Versionen**

   Modifizierte Versionen müssen die gleichen Lizenzbedingungen wie das Original enthalten.

4. **Unversehrtheit des Originalcodes**

   Bei der Verbreitung von verändertem Quellcode muss genau gekennzeichnet werden, welche Teile des Codes aus dem Original stammen und welche neu sind. Diese Änderungen müssen in einem externen Dokument festgehalten und zusammen mit der Software zur Verfügung gestellt werden.

5. **Keine Diskriminierung einzelner Personen oder Gruppen**

   Es gibt keine Einschränkung bei der Anzahl der Benutzer oder der Installationen. Zudem dürfen keine Personen oder Gruppen von dem Gebrauch ausgeschlossen werden.

6. **Keine Einschränkung der Anwendungsbereiche**

   Die Lizenz darf kein bestimmtes Einsatzgebiet einschränken.

7. **Verbreitung der Lizenz**

   Der Lizenz dürfen keine weiteren Klauseln zugefügt werden.

---

[124] http://www.opensource.org/docs/definition.php

8. **Die Lizenz darf nicht für ein bestimmtes Produkt gelten**

   Wenn in Softwarepaketen enthaltene Open-Source-Programme einzeln weiterverbreitet werden, gilt für dieseparat stehende Anwendung dieselbe Lizenz wie für das Ausgangspaket.

9. **Die Lizenz darf keine andere Software beeinträchtigen**

   Die Lizenz darf keine Programme, die beispielsweise in demselben Softwarepaket enthalten sind, einschränken.

Anhang B: Auswahl bedeutsamer Open Source-Programme in der betrieblichen Praxis

Linux	Linux ist ein frei verfügbares Multitasking und Multiuser Betriebssystem, das von Linus Torvalds und vielen freien Entwicklern weltweit entwickelt wird (Quelle: http://www.linux.de/linux/).
Open Office	OpenOffice.org ist sowohl eine Office Suite, die auf vielen Betriebssystemen und in zahlreichen Sprachen verfügbar ist, als auch ein Open-Source-Projekt, in dem viele zumeist ehrenamtliche Mitglieder das Produkt immer weiter verbessern und unterstützen (Quelle: http://de.openoffice.org/).
Apache	Weitverbreiteter Web-Server. Weitere Informationen unter http://www.apache.org/
MySQL	Weitverbreitetes Open-Source-Datenbankmanagement-System. Weitere Informationen unter http://www.mysql.de/.
Firefox	Mozilla Firefox ist ein Browser, der auf dem bekannten Mozilla aufbaut, im Gegensatz zu diesem aber auch für Endanwender entwickelt wurde (Quelle: http://www.firefox-browser.de/). Weitere Informationen unter http://www.mozilla-europe.org/de/firefox/.
Spamassassin	Mail-Filter-System, welches Spam-Mail aussortiert (Quelle: http://spamassassin.apache.org)

Anhang C: Copyleft

Copyleft is a general method for making a program or other work free, and requiring all modified and extended versions of the program to be free as well.

The simplest way to make a program free software is to put it in the public domain, uncopyrighted. This allows people to share the program and their improvements, if they are so minded. But it also allows uncooperative people to convert the program into proprietary software. They can make changes, many or few, and distribute the result as a proprietary product. People who receive the program in that modified form do not have the freedom that the original author gave them; the middleman has stripped it away.

In the GNU project, our aim is to give *all* users the freedom to redistribute and change GNU software. If middlemen could strip off the freedom, we might have many users, but those users would not have freedom. So instead of putting GNU software in the public domain, we "copyleft" it. Copyleft says that anyone who redistributes the software, with or without changes, must pass along the freedom to further copy and change it. Copyleft guarantees that every user has freedom.

Copyleft also provides an incentive for other programmers to add to free software. Important free programs such as the GNU C++ compiler exist only because of this.

Copyleft also helps programmers who want to contribute improvements to free software get permission to do that. These programmers often work for companies or universities that would do almost anything to get more money. A programmer may want to contribute her changes to the community, but her employer may want to turn the changes into a proprietary software product.

When we explain to the employer that it is illegal to distribute the improved version except as free software, the employer usually decides to release it as free software rather than throw it away.

To copyleft a program, we first state that it is copyrighted; then we add distribution terms, which are a legal instrument that gives everyone the rights to use, modify, and redistribute the program's code *or any pro-*

gram derived from it but only if the distribution terms are unchanged. Thus, the code and the freedoms become legally inseparable.

Proprietary software developers use copyright to take away the users' freedom; we use copyright to guarantee their freedom. That's why we reverse the name, changing "copyright" into "copyleft."

Copyleft is a way of using of the copyright on the program. It doesn't mean abandoning the copyright; in fact, doing so would make copyleft impossible. The word "left" in "copyleft" is not a reference to the verb "to leave" — only to the direction which is the inverse of "right".

Copyleft is a general concept, and you can't use a general concept directly; you can only use a specific implementation of the concept. In the GNU Project, the specific distribution terms that we use for most software are contained in the GNU General Public License (available in HTML, text, and Texinfo format). The GNU General Public License is often called the GNU GPL for short. There is also a Frequently Asked Questions page about the GNU GPL. You can also read about why the FSF gets copyright assignments from contributors.

An alternate form of copyleft, the GNU Lesser General Public License (LGPL) (available in HTML, text, and Texinfo format), applies to a few (but not all) GNU libraries. To learn more about properly using the LGPL, please read the article *Why you shouldn't use the Lesser GPL for your next library*.

The GNU Free Documentation License (FDL) (available in HTML, text and Texinfo) is a form of copyleft intended for use on a manual, textbook or other document to assure everyone the effective freedom to copy and redistribute it, with or without modifications, either commercially or noncommercially.

The appropriate license is included in many manuals and in each GNU source code distribution.

All these licenses are designed so that you can easily apply them to your own works, assuming you are the copyright holder. You don't have to modify the license to do this, just include a copy of the license in the work, and add notices in the source files that refer properly to the license.

Using the same distribution terms for many different programs makes it easy to copy code between various different programs. Since they all have the same distribution terms, there is no need to think about whether the terms are compatible. The Lesser GPL includes a provision that lets you alter the distribution terms to the ordinary GPL, so that you can copy code into another program covered by the GPL.

(Quelle: http://www.gnu.org/copyleft/)